Hans-Heinrich Vogt

Farben und ihre Geschichte

Von der Höhlenmalerei zur Farbchemie

W0343330

Kosmos
Gesellschaft der Naturfreunde
Franckh'sche Verlagshandlung
Stuttgart

Umschlag von Edgar Dambacher unter Verwendung eines Fotos der Farbenfabriken Bayer, Leverkusen
Das Bild zeigt ein Farbstofflaboratorium
Mit 13 Farbfotos und 13 farbigen Zeichnungen von Sigrid Haag

Die Bände der Kosmos-Bibliothek erscheinen als Vierteljahres-Buchbeigaben der Monatshefte Kosmos — Bild unserer Welt

Für die Bezieher (Mitglieder) des Kosmos bilden sie einen Bestandteil der Abonnements-Leistung

Kosmos-Bibliothek 1973:
Band 277: Bechtle, Fototips für Nahaufnahmen
Band 278: Klein, Unkraut verdirbt nicht
Band 279: Weinzierl, Projekt Biber
Band 280: Vogt, Farben und ihre Geschichte

Änderungen vorbehalten

Über Veröffentlichungen, Bedingungen und Leistungen des Kosmos unterrichtet Sie jede Buchhandlung oder die Hauptgeschäftsstelle des „Kosmos": 7 Stuttgart 1, Postfach 640

Bild Seite 2: Hand-Silhouette aus der Höhle El Castillo. Sie wurde wahrscheinlich durch Aufblasen von Farbpulver mittels Röhrenknochen über die auf die feuchte Felswand gelegte Hand hergestellt. Aufn. Prof. Dr. E. Pietsch, Bad Homburg v. d. H.

Franckh'sche Verlagshandlung, W. Keller & Co., Stuttgart / 1973
Alle Rechte, auch die des auszugsweisen Nachdrucks, der fotomechanischen Wiedergabe, der Übertragung in Bildstreifen und der Übersetzung, vorbehalten
© 1973, Franckh'sche Verlagshandlung, W. Keller & Co., Stuttgart
LH 14 hö / ISBN 3-440-00280-2 / Printed in Germany / Imprimé en Allemagne
Gesamtherstellung: Konrad Triltsch, Graphischer Betrieb, 87 Würzburg

kosmos
bibliothek

Band 280

Farben und ihre Geschichte

Vorwort

Kein Autor beginnt ein Vorwort gern mit einer Entschuldigung. Hier erweist sich dies als unumgänglich Der Titel unseres Buches ist nämlich für den Fachmann irreführend. Der Laie freilich wird sich daran nicht stoßen: Farbe ist „alles, was bunt ist". Der Experte jedoch weiß wohl zwischen Farben und Farbstoffen zu unterscheiden. Ich werde diesen Gegensatz auf Seite 16 erläutern. Beide Stoffgruppen sind in unserem kleinen Buch vertreten. Der Titel müßte demnach eigentlich heißen „Farben und Farbstoffe und ihre Geschichte". Ein wenig umständlich — und deshalb soll es bei der Kurzform bleiben.

Aber ist Farbe wirklich „alles, was bunt ist"? Diese Definition scheint gewiß zu salopp ausgefallen zu sein. Jeder weiß doch, daß der Eindruck einer Farbe etwas mit der Wellenlänge von Lichtstrahlen zu tun hat. Der Physiker müßte uns nähere Auskunft geben können. Auch ist bekannt, daß Farben auf das Gemüt des Menschen wirken. Hier wäre der Psychologe zuständig. Schließlich ist der Biologe sicherlich ebenfalls an dem Problem interessiert, da er die Vorgänge im Auge oder im Nervensystem zu analysieren versucht. Diese Vorgänge vermitteln uns ja letztlich erst den Eindruck einer Farbe.

Es würde den Rahmen unserer Betrachtung sprengen, wenn wir alle diese Punkte erwähnen wollten. Der kundige Leser wird manches Wichtige vermissen. Doch handelt es sich ja hier nicht um ein Lehrbuch. Die Absicht der folgenden Kapitel ist lediglich, Hinweise auf das interessante Gebiet zu geben. So möchte denn das Buch nichts anderes sein als ein kleiner Streifzug durch die Natur- und Kulturgeschichte der Farben und Farbstoffe.

Bei der Auswahl der Beispiele für unsere Betrachtungen war der Gesichtspunkt leitend, daß sie die enge Verbindung zwischen Chemie, Biologie und Technologie möglichst deutlich widerspiegeln sollten.

Dr. Hans-Heinrich Vogt

Bild 1. Anwendungstechnisches Labor einer großen Farbenfabrik. Das Färben von Dralon. Werkfoto Bayer

Der Mensch sieht Farben

Bevor wir uns mit Farben und Farbstoffen befassen, müssen wir einen kurzen Blick auf das Wesen der Farbigkeit werfen: Warum sehen wir eigentlich einen Gegenstand rot, gelb oder blau? Bei der Beantwortung kann uns die Physik helfen. Strenggenommen, brauchten wir aber auch noch einen biologischen Rat, denn das Auge und seine Funktion fällt nicht in den Zuständigkeitsbereich des Physikers. Schließlich ist zweifellos auch das Nervensystem an der Wahrnehmung von Farben beteiligt – und so merken wir bereits, daß wir es mit einem sehr komplizierten Problem zu tun haben. Im folgenden Abschnitt fassen wir nur ganz kurz die Grundlagen zusammen, ohne auf Einzelheiten einzugehen. Die biologischen Zusammenhänge müssen wir ganz aus unserer Betrachtung ausklammern.

Damit man Farben sehen kann, muß Licht vorhanden sein. Dieser Satz erscheint banal, ist aber dennoch sehr wichtig. Fragt man, was unter Licht zu verstehen sei, so wird man verschiedene Antworten erhalten. Offenbar handelt es sich um Strahlung. Das steht fest. Der Biologe wird auf die Frage nach dem Wesen des Lichtes wohl von der Aufnahmefähigkeit der Sinnesorgane ausgehen und als Licht alle Strahlung bezeichnen, die vom Auge wahrgenommen werden kann. Er betont also die Sichtbarkeit des Lichtes.

Diese Definition befriedigt allerdings nicht sonderlich. Man könnte sich doch

Bild 2. „Flötenspieler" – ein Beispiel für Porzellanmalerei der Hoechster Manufaktur aus der Zeit um 1755.

Bild 3. Das Spektrum der elektromagnetischen Strahlung

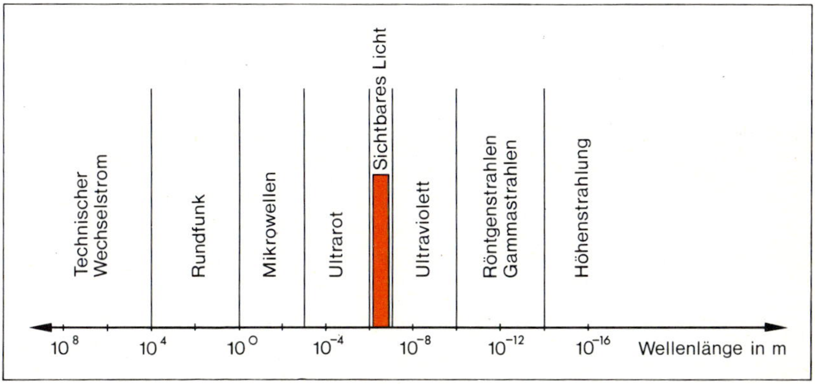

vorstellen, daß andere Lebewesen auch andere Empfindlichkeiten gegenüber Strahlung haben, als der Mensch sie besitzt. Dann müßte man „Licht" für jede Organismenart speziell definieren. Der Physiker weitet deshalb den Begriff erheblich und legt fest: Unter Licht versteht man den gesamten Bereich der elektromagnetischen Strahlung. Hiernach gibt es also auch unsichtbares Licht! Das Spektrum der elektromagnetischen Strahlung ist – wie die Abbildung zeigt – sehr breit. Nur der kleine besonders gekennzeichnete Ausschnitt ist für uns sichtbar – und hier liegt die Welt der Farben.
Der Abbildung ist zu entnehmen, daß wir nur diejenige Strahlung als Licht

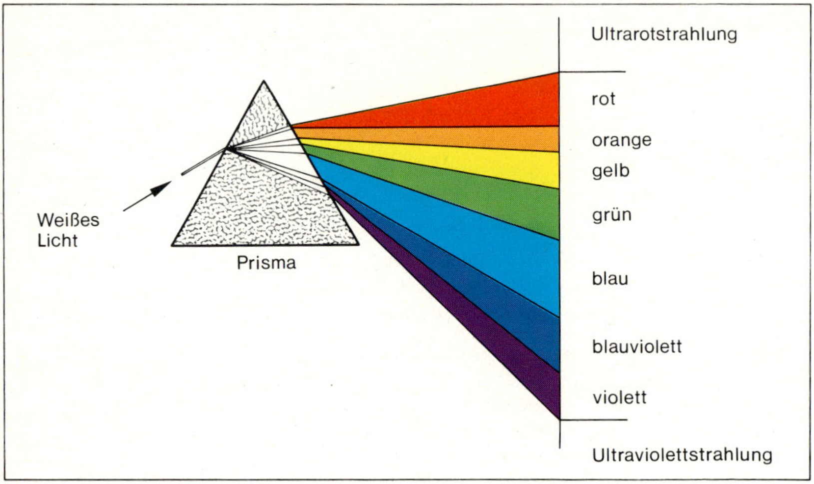

Bild 4. Weißes Licht wird durch ein Glasprisma zerlegt: Spektralfarben

sehen können, die zwischen den Wellenlängen 400 und 800 Nanometer (nm) liegt. Ein Nanometer ist eine unvorstellbar kleine Länge, nämlich 10^{-9} Meter oder ein millionstel Millimeter. Licht von der Wellenlänge 800 Nanometer empfinden wir als dunkles Rot. Licht von der Wellenlänge 400 Nanometer registriert unser Auge als ein tiefes Violett. Dazwischen befinden sich alle möglichen Farbqualitäten. Ultrarot (oder Infrarot) liegt jenseits von 800 Nanometern und kann von uns nicht mehr gesehen werden. Ultraviolett ist ebenfalls nicht sichtbar, setzt jedoch die Skala am anderen Ende fort. Bei Tieren kann der Bereich der Sichtbarkeit verschoben sein. So nehmen zum Beispiel Bienen noch ultraviolette Strahlung wahr, sind aber dafür im roten Bereich „blind".

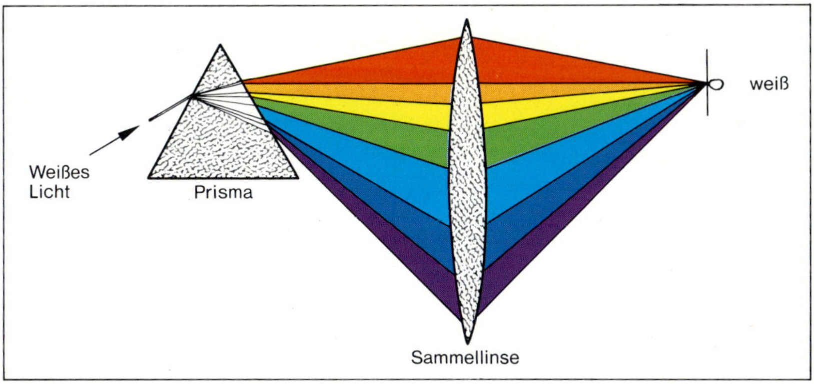

Bild 5. Beim Vereinigen aller Spektralfarben entsteht wieder weißes Licht.

Das Licht der meisten Lichtquellen ist weiß, farblos. Leitet man jedoch einen feinen Strahl durch ein Glasprisma, so kommt es zu der bekannten Erscheinung des „Regenbogens“. Eine Palette von Farben entsteht, die von rot über orange, gelb, grün, blau und blauviolett bis zu violett reicht. Fängt man die

Bild 6. Beim Ausblenden der Spektralfarbe Rot entsteht die Mischfarbe Grün

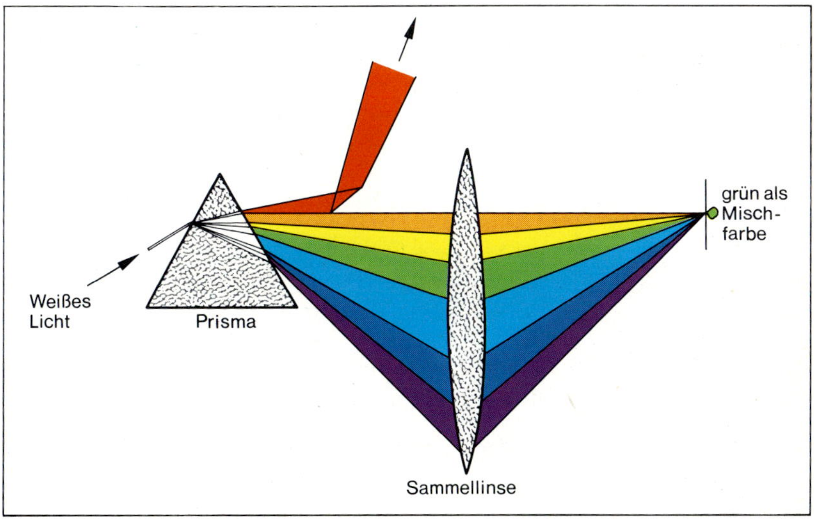

stufenlos ineinander übergehenden Farbtöne auf einem Schirm auf, so erhält man ein sogenanntes kontinuierliches Spektrum.

Weißes Licht setzt sich demnach offenbar aus dieser Palette von Spektralfarben zusammen. Man kann den Beweis leicht führen, indem man das Bündel der Regenbogenfarben durch eine Sammellinse schickt und dadurch wieder in einem Punkt vereinigt. Es entsteht erneut weißes Licht.

Das Aufspalten eines Lichtbündels gibt uns die Möglichkeit, einzelne Spektralfarben auszublenden und getrennt von den übrigen zu betrachten. Dann zeigt sich zunächst einmal, daß keine weitere Zerlegung mehr möglich ist: Schickt man den Strahl einer einzelnen Spektralfarbe wiederum durch ein Glasprisma, so spaltet er sich nicht mehr auf. Er bleibt einheitlich, homogen. Man kann aber auch ein oder zwei Spektralfarben ausblenden und den Rest durch eine Sammellinse vereinigen. Dann ergibt sich kein weißes Licht mehr! Es entsteht vielmehr eine Mischfarbe, die unter Umständen genauso aussehen kann wie eine homogene Spektralfarbe. Unser Auge unterscheidet diese beiden Möglichkeiten der Farbbildung nicht. Ein Beispiel mag den Sachverhalt erläutern. Hat man das Rot aus dem Spektrum herausgefiltert, so entsteht bei Zusammenfassung aller übrigen Spektralanteile die Farbe Grün, eine Mischfarbe. Sie gleicht dem Grün des Spektrums vollkommen. Blendet man Gelb aus, so ergibt der Rest Blau. Offenbar ist das Weiß des Lichtes ebenfalls eine Mischfarbe.

Wir haben natürlich die Möglichkeit, aus Rot und Grün wieder Weiß zu erzeugen. Desgleichen läßt sich aus Gelb und Blau wieder weißes Licht „herstellen“. Solche Farben, die sich zu Weiß ergänzen lassen, nennt man Komplementärfarben.

Bisher haben wir nur von der Zerlegung und Zusammensetzung weißen Lichtes gesprochen. Wir haben gewissermaßen ausschließlich vom „Licht an sich“ berichtet. Was aber geschieht, wenn weißes Licht auf einen Gegenstand (Tischplatte, Kleiderstoff) fällt? Hier findet ja sicherlich keine Zerlegung statt, und doch erscheint der Gegenstand im Licht vielfach farbig. Die Tischplatte oder der Kleiderstoff weisen eben die ihnen zukommende Farbe auf. Aber warum?

Die Antwort ist gar nicht so schwierig. Nehmen wir an, weißes Licht falle auf einen Gegenstand, der unserem Auge weiß erscheint. Dann ist damit gesagt, daß dieser alle Spektralfarben des weißen Lichts wieder zurückwirft, reflektiert. Unser Auge sieht das Objekt weiß. Stellen wir uns nun vor, weißes Licht falle auf einen absolut schwarzen Gegenstand. Dann verschluckt (absorbiert) dieser alle Spektralfarben und wirft keine zurück. Wenn aber keine Lichtstrahlen in unser Auge gelangen, dann registrieren wir eben „schwarz“. Demnach erhält ein Körper seine Farbe erst durch seine Eigenschaft, Licht bestimmter Wellenlänge zu reflektieren oder zu absorbieren. Ein Beispiel: Ein Objekt, das mit weißem Licht bestrahlt wird und die Spektralfarbe Grün

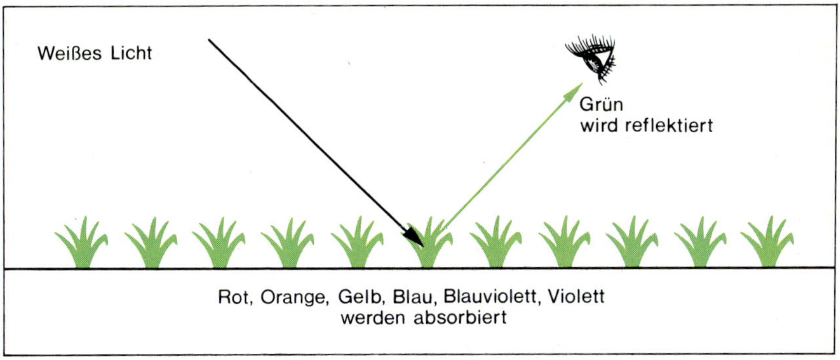

Bild 7. Warum erscheint uns die Wiese grün?

reflektiert, alle anderen (Rot, Orange, Gelb, Blau, Blauviolett, Violett) aber absorbiert, erscheint grün. Reflektiert der Körper mehrere Spektralbereiche, so nimmt unser Auge diese gemeinsam als Mischfarbe auf.

Ein Körper zeigt demnach nur in weißem Licht seine natürliche Farbe. Bestrahlt man etwa Schnee mit rotem Licht, so wirft der Schnee das Rot zurück und erscheint selbst rot, obwohl doch jeder aus Erfahrung „weißen" Schnee kennt. Für unsere weiteren Betrachtungen ist die Folgerung wichtig, daß gefärbte Textilien im Kunstlicht (etwa bei Gasbeleuchtung oder bei Neonbeleuchtung) anders aussehen als bei Tageslicht. Jeder kennt auch die Erscheinung, daß unsere Haut im Schein einer Natriumdampflampe, wie sie als gelbe Straßenbeleuchtung üblich ist, geradezu „leichenhaft" grünlich ausschaut.

Demnach bestehen wesentliche Unterschiede zwischen den Spektralfarben, in die man weißes Licht durch ein Prisma zerlegen kann, und den Farben, die ein Körper beim Bestrahlen durch Licht annehmen kann. Farbiges Licht behält gewissermaßen immer seine Farbe, da diese durch die Wellenlänge unveränderlich festgelegt ist. Ein Objekt jedoch, das nicht von sich aus leuchtet (Tischplatte, Kleiderstoff), kann seine Farbe ändern – je nach der Strahlungsart, von der es beleuchtet wird. Es reflektiert dann nur bestimmte Wellenlängen.

Diese Unterscheidung ist nicht immer beachtet worden. Einer der ersten Pioniere auf dem Gebiet der Farbenforschung war der englische Physiker ISAAC NEWTON (1643–1727). Er erkannte die Spektralfarben und ihre Zusammensetzung zu weißem Licht. Auf ihn geht aber auch ein Versuch zurück, der vom Prinzip her fehlerhaft ist. NEWTON beschrieb den sogenannten Farbkreisel. Setzt man einen Kreisel, auf den man die Farben Rot, Orange, Gelb, Grün, Blau, Blauviolett und Violett in annähernd gleichen Flächenanteilen aufgemalt hat, in schnelle Bewegung, so erscheint er – nach NEWTON – weiß. Kein Geringerer als JOHANN WOLFGANG VON GOETHE hat dies bezweifelt. Er war in seiner Farbenlehre intensiv auf das Problem eingegangen und hatte festgestellt, daß auf diesem Wege nicht Weiß, sondern lediglich ein gelbliches Grau zu „synthetisieren" ist. Die Verfechter der Newtonschen Theorie, insbesondere ein gewisser Professor MOLLWEIDE, zogen gegen GOETHE zu Felde. Der Dichterfürst hat sich in einem originellen Vers zu dem Farbkreisel geäußert:

Dem Weißmacher!

Newtonsch Weiß den Kindern vorzuzeigen,
die pädagogischem Ernst sogleich sich neigen,
trat einst ein Lehrer auf, mit Schwungrads Possen,
auf selbem war ein Farbenkreis geschlossen.
Das dorlte nun. „Betracht es nur genau!
Was siehst du Knabe?" „Nun, was seh' ich? Grau!"
„Du siehst nicht recht! Glaubst daß ich es leide?
Weiß, dummer Junge, Weiß! so sagt's Mollweide."

GOETHE hat NEWTON tatsächlich eines Irrtums überführt, freilich ohne selbst zu wissen, worin die Ursache lag. Der Grund dafür, daß der Farbkreisel nicht den Eindruck Weiß vermittelt, liegt in seiner Konstruktion: Es werden nicht Spektralfarben benutzt, sondern es handelt sich um Farbanstriche. Diese aber liefern unserem Auge durch Reflexion verschiedener Wellenlängen Mischfarben, und aus diesen läßt sich verständlicherweise kein Weiß zusammensetzen.

Nach diesem kleinen Abstecher in die Geschichte der Farbenlehre kehren wir wieder zu unserer Frage zurück: Warum ist ein Körper farbig? Das Reflektieren oder Absorbieren von bestimmten Wellenlängen des einfallenden Lichtes sollte doch wohl von der chemischen Beschaffenheit des Körpers abhängen. Das ist zweifellos richtig. Auch hat die moderne Farbenlehre bereits konkrete Vorstellungen über das, was in Molekülen beim Einfall von Licht vor sich geht. Leider sind die Vorgänge dort aber so kompliziert, daß wir sie hier nicht erörtern können. Nur das Prinzip sei kurz erwähnt.

Moleküle sind ebenso wie die Atome Gebilde, die aus Partikeln mit negativer

und positiver elektrischer Ladung aufgebaut werden. Die negativ geladenen Elektronen umkreisen – bildlich gesprochen – die Atomkerne und sind in Molekülen mehr oder weniger zwischen den Atomkernen austauschbar. Sie bewegen sich gewissermaßen in den Dimensionen des Moleküls hin und her. Die Aufnahme elektromagnetischer Schwingungen in Form von Licht bestimmter Wellenlänge läßt die Elektronen nun mitschwingen. Sie treten in Resonanz. Oder plastisch ausgedrückt: Zwischen den Schwingungen des einfallenden Lichtes und den Elektronen herrscht eine Harmonie, wobei die Energie des Lichtes ins Molekül aufgenommen wird.
Daraus ergibt sich, daß eine chemische Verbindung besonders dann Lichtstrahlung absorbieren kann, wenn sie auf Grund ihres Baues Möglichkeiten für Resonanz bietet. Dieses Ergebnis wollen wir für später festhalten: Farbigkeit hängt vom Molekülbau ab. Nach diesen etwas theoretischen Betrachtungen wenden wir uns nun aber den historischen Tatsachen zu.

So fing es an . . .

Niemals war die Welt grau in grau. Schon vor undenklichen Zeiten hat die Natur Lebewesen entwickelt, die die verschiedenen Qualitäten des Lichts wahrzunehmen vermochten, Farben „sahen“. Nur wir selbst allerdings können uns eine Vorstellung davon bilden, was Gelb, Grün oder Rot ist. Der Eindruck läßt sich nicht beschreiben. So bleibt die Welt unserer Empfindungen stets ein Geheimnis, das wir mit niemandem teilen.

Farben und Farbstoffe

Wo immer der Mensch gelebt hat, sah er Farben. Das Blau des Himmels über ihm war nicht „begreifbar“, aber das Braun der Erde oder das Grün des Grases konnte er untersuchen und für seine Zwecke nutzen. Wir sind uns dessen so sicher, weil alle Völkerstämme, die noch heute auf dem Niveau der Steinzeit leben, Farben in ihre Welt einbeziehen. Ob auf Neuguinea, am Kongo oder im Urwald des Amazonas – der Mensch nutzt die Naturfarben zum Bemalen seines Körpers und zum Tönen seiner Kleidung. Grundsätzlich lassen sich diese Substanzen in zwei Gruppen einteilen, die der Mensch unserer Tage als Farben und Farbstoffe unterscheidet.
Bemalt sich der Primitive sein Gesicht mit Ruß oder Ocker, so benutzt er nach der modernen Terminologie Farben. Der Chemiker würde sie als anorganische Stoffe bezeichnen und feststellen, daß sie in fein pulverisierter Form als unlös-

liche Substanz verwendet werden. Gewiß kann man Farben mit Bindemitteln anrühren, aber stets bildet sich dabei nur eine Aufschwemmung winziger Partikel in der Flüssigkeit, keine echte Lösung. Da man die pulverigen Materialien früher im wesentlichen aus speziellen Erdsorten herstellte, nennt man diese Gruppe auch heute noch vielfach Erdfarben. Daneben sind aber in der gleichen Bedeutung die Wörter Mineralfarben, Körperfarben und Pigmente üblich. Schon in den ältesten Zeiten verwendete man Ocker, Rötel, Ruß, Holzkohle, Manganoxide, Kalk und Gips, so daß die Farbtönungen Gelb, Rot, Schwarz und Weiß von jeher zur Verfügung standen. Später erweiterte sich die Palette: Graphit, Bleiweiß, Auripigment, Realgar, Zinnober, Mennige und Malachit sind nur einige von ihnen. Dennoch ist die Zahl der echten Farben relativ klein geblieben. Die moderne Technik kennt etwa 100 reine Mineralfarben, von denen nur rund die Hälfte praktische Bedeutung hat.
Eine gewisse Variabilität bringen die Bindemittel, die für das Anreiben oder Aufschwemmen der Mineralfarben verwendet werden. Trägt man nur das Farbpulver auf, so fehlt der Kontakt mit dem Untergrund, und es läßt sich meist keine dauerhafte Tönung erzielen. Wenn dagegen die Farbe mit Öl, Fett, Leim oder einer anderen Flüssigkeit angerührt wird, so entsteht beim Auftragen ein mehr oder weniger fester Film auf dem Untergrund. Meist wählt man Bindemittel, die nach kurzer Zeit erhärten.
Nun wissen wir, was man im strengen Sinn unter Farben versteht. Die Farbstoffe sind davon zu unterscheiden. Schon dem Menschen der Vorzeit wird aufgefallen sein, daß er beim Auspressen mancher Pflanzen farbige Säfte erhalten konnte, die ihre Färbung leicht auf die Haut oder auf das Fell von Beutetieren übertrugen. Ob sich hieraus bereits sehr früh eine Färbetechnik entwickelte, ist unbekannt, denn die Objekte waren nicht beständig. Der moderne Chemiker würde die damals aus Pflanzen gewonnenen löslichen Substanzen als Farbstoffe bezeichnen, denn sie unterscheiden sich eben durch diese Löslichkeit von den (Mineral-)Farben. Zu den ältesten bekannten Farbstoffen gehören Indigo, Purpur und Krapp, die später noch eingehend behandelt werden sollen. Als Beispiel eines modernen Farbstoffes sei Eosin genannt. Jeder kennt die wäßrige Lösung dieser Substanz als rote Tinte! Durch ein Filter läuft Eosin hindurch, ohne einen Rückstand zu hinterlassen. Ganz anders die Mineralfarbe Ocker: Auch wenn man das Pulver in Wasser aufschwemmt, löst es sich nicht, sondern bildet lediglich eine Suspension. Beim Filtrieren bleibt das Ockerpulver im Trichter, und man kann das Wasser getrennt davon auffangen.
Analysiert man Farbstoffe, so findet man, daß sie fast alle der organischen Chemie angehören. Das bedeutet, sie enthalten mehr oder weniger komplizierte Ringe und Ketten aus Kohlenstoffatomen. Die organische Chemie steht

seit dem vorigen Jahrhundert in hoher Blüte, und so ist es nicht verwunderlich, daß die meisten Farbstoffe der Gegenwart aus der Retorte des Chemikers stammen.

Den Farben auf der Spur

Historisch betrachtet, verliert sich die Spur der echten Farbstoffe schnell in der Vergangenheit. Das ist leicht verständlich. Mit Farbstoffen behandelte man sicherlich – wie heute – Haut, Leder, Pelzwerk, vielleicht auch Holz oder Pflanzenfasern. Alle diese Stoffe sind vergänglich. Sie überdauern im besten Fall Jahrhunderte, ganz selten Jahrtausende. Aus der Zeit des Neandertalers oder des Homo habilis blieb uns nichts erhalten. Aber selbst wenn uns ein glücklicher Zufall Gegenstände im Alter von Jahrhunderttausenden in die Hand spielte, wir könnten dennoch nichts über die Existenz von Farbstoffen aussagen. Deren Aufbau aus Kohlenstoffverbindungen ist zu labil, um sich über so ungeheure Zeitabschnitte unverändert zu erhalten. Organische Tinkturen pflanzlicher Herkunft verblassen schnell. In einigen wenigen Fällen ist es gelungen, den Nachweis der Tuchfärbung im alten Ägypten zu erbringen. So haben die Bewohner des Niltales schon vor 4000 Jahren mit Indigo gefärbt, und Binden von Mumien, die etwa 2500 vor Christus einbalsamiert worden waren, enthielten noch gelben Safran. Aber das sind Ausnahmen. Über die Färbekunst früherer Zeiten ist nichts bekannt.

Anders verhält es sich mit den Mineralfarben. Ihr Aufbau aus anorganischen Materialien läßt erwarten, daß sie die Zeiten besser überdauert haben. Diese Erwartung wird in der Praxis bestätigt. Mineralfarben hat man auch Erdfarben genannt, und damit spielt man auf ihre Gewinnung aus dem Boden an. Ocker, Rötel oder Gips sind Beispiele hierfür. Sie haben sich in erdgeschichtlichen Zeiten durch Verwitterungs- und Ablagerungsvorgänge gebildet, sind also gewissermaßen die Substanzen, die von der Natur als besonders beständig ausgelesen wurden. Eine rasche Veränderung ihrer Struktur wird schon aus diesem Grund kaum zu befürchten sein. Freilich kennt man Beispiele dafür, daß einzelne Farben durch Beimischung von Bindemitteln verändert werden. So ist jedem Maler bekannt, daß man Bleiweiß nicht mit Kaliwasserglas als Bindemittel anrühren darf; die Farbe zersetzt sich nach einiger Zeit. Doch das sind Ausnahmen. Für die Verwendung der Erdfarben in der Frühgeschichte sind sie ohne Belang.

Fassen wir zusammen: Die Aussichten, Farbstoffe über Jahrtausende in die Vergangenheit zurückverfolgen zu können, sind sehr gering, da weder die Farbstoffe selbst noch ihre Unterlagen die Zeiten überdauert haben. Erdfarben dagegen sollten infolge ihrer Widerstandskraft gegen äußere Einflüsse erhalten geblieben sein. Falls der Mensch sich damals als Maler betätigt und als „Leinwand“ ein Substrat benützt hat, das bis heute erhalten blieb, so müßte es gelingen, einen Blick in die Werkstatt vorgeschichtlicher Künstler zu werfen. Malereien an Felswänden, die der Verwitterung ausgesetzt waren, sind längst verschwunden. Geblieben sind Bilder im Inneren von Höhlen – und sie gehören zu den erregendsten Entdeckungen der Anthropologie und der Kunsthistorik.

Altamira

Wer heute von den ältesten Malereien der Welt spricht, denkt an die Höhle von Altamira. Sie liegt 32 Kilometer von der nordspanischen Stadt Santander entfernt. Eine gute Straße führt den Besucher an diesen „Wallfahrtsort für Prähistoriker“, und während des ganzen Jahres drängen sich die Schaulustigen vor dem Eingang zum unterirdischen Höhlensystem. Ein kleines Museum erzählt von der Geschichte des Kulturdokuments. Im Jahre 1868, als die Höhle von Altamira durch einen Zufall entdeckt wurde, war die Ruhe dieses weiträumigen, wiesengrünen Hügellandes noch ungestört. MARCELINO DE SAUTUOLA hieß der erste Mensch, der nach Jahrtausenden wieder in die gewundenen Gänge unter der Erdoberfläche eindrang. Bizarre Tropfsteingebilde hingen von der Decke, und Stalagmiten wuchsen aus dem Boden. SAUTUOLA lebte in der Zeit, als der Darwinismus sich ausbreitete und die Suche nach den Ahnen der Menschheit begann. Er durchforschte die von ihm entdeckte Höhle nach Relikten der Vergangenheit, Knochen und Steinwerkzeugen. Bei diesen Untersuchungen half dem Amateur-Anthropologen seine kleine Tochter MARIA. Sie war es, die im Jahre 1879 auf farbige Deckenmalereien aufmerksam wurde, die ihr Vater bisher im Halbdunkel der Höhle übersehen hatte. Vor allem ein saalartiger Raum neben der eigentlichen, mehr als 300 Meter langen Haupthöhle enthielt Bilder von ungewöhnlicher Aussagekraft: Bisonkühe, Stiere, Hirsche, Wildpferde und Wildschweine.

Als SAUTUOLA seine Entdeckung veröffentlichte, spaltete sich die Fachwelt in zwei Lager. Die eine Seite begrüßte die Dokumente der Vorzeit mit Enthusiasmus und sah darin ein Zeichen für die Richtigkeit der Darwinschen Anschauung vom hohen Alter des Homo sapiens. Die andere Seite allerdings erklärte die Bilder als Fälschungen und verdächtigte SAUTUOLA des Betrugs. Zwar war durch die Romantik das Interesse der Öffentlichkeit an der Vorgeschichte stark gewachsen, doch hielt man an der These fest, daß der primitive Mensch zu künstlerischen Leistungen nicht fähig gewesen sei. Die Skeptiker waren zunächst in der Überzahl, und SAUTUOLA konnte bis zu seinem Tode die Experten nicht überzeugen. Funde in anderen Höhlen, vor allem in Süd-

Bild 8. Bison aus der Decke der Gran Sala der Höhle Altamira. Aufn. Prof. Dr. E. Pietsch, Bad Homburg v. d. H.

frankreich, bewiesen schließlich die Echtheit der Malereien. Der Mensch des Jungpaläolithikums bediente sich der Farben – ja, wozu? Wollte er einen Wohnraum schmücken? Waren seine Werke Jagdzauber? Kannte er eine primitive Form der Religion?

Ungeheuer viel ist zu diesem Thema gedacht und geschrieben worden. Hier ist nicht der Ort, die Deutungen zu analysieren. Nach allem, was wir wissen, sind die Malereien in den Höhlen Ausdrucksformen eines uns nicht mehr verständlichen Kultes, der vielleicht der Jagdbeute galt. Überall nämlich stehen die Beutetiere des Menschen im Vordergrund, und wo der Jäger selbst mit in Erscheinung tritt, richtet sich sein Tun auf das Tier.

Welche Farben benutzte der steinzeitliche Künstler? Altamira gibt genaue Auskunft darüber. Da sind zunächst die Eisenoxide wie Rötel und Ocker in den verschiedensten Farbstufen von Gelbrot bis zum tiefen Braunrot. Manganoxide sowie Holz- und Knochenkohle liefern das Schwarz. Man hat diese Farben nicht nur an den Wänden und an der Decke der Höhle gefunden, sondern sogar noch in „Vorratsbehältern" am Boden! Schälchen aus Muschelhälften und die napfartigen Vertiefungen der Gelenkpfannen großer Oberschenkelknochen enthielten, als man sie fand, Reste von Ocker- und Manganfarben! Sie sind heute im Museum von Altamira ausgestellt.

Jeder Besucher des „Großen Saals“ der Altamira-Höhle ist fasziniert von der Intensität der Darstellung. Die Bilder wurden wohl nicht nach einer Gesamtkonzeption entworfen, sondern die Künstler bezogen die zufälligen Unebenheiten der Höhlendecke in ihre Planungen ein. So scheint ein Stier aus der Fläche herauszustoßen, weil der massige Vorderteil des Körpers auf eine Wölbung des Steins gezeichnet wurde. Ocker bildet die Körper, während die schwarzen Farben die Umrißlinien ziehen. Man hat dem rotgelben Ocker kultische Bedeutung beigemessen, weil er sich in steinzeitlichen Gräbern als Beigabe findet, ja sogar ganze Skelette, eingebettet in Ockerpulver, geborgen werden konnten. In Altamira hat man die Farben zum Teil in Form von Stücken oder Stiften aufgetragen, zum Teil auch wohl in Pulverform aufgeblasen. Die feuchten Wände haben das Material im Laufe der Zeit fest konserviert. Bindemittel wie Öl oder Fett wurden nicht verwendet.

Heute sorgt eine sinnvoll angebrachte Beleuchtung dafür, daß die Besucher einen plastischen Eindruck von der konturenreichen Decke bekommen. Als die Bilder gemalt wurden, muß die Höhle fast dunkel gewesen sein. Ein Raum von 18 Metern Länge und acht bis neun Metern Breite könnte nur von großen Feuern erhellt werden. Davon aber sind keine Spuren zu finden. Auch sind Wände und Decke nicht rußgeschwärzt. Wahrscheinlich haben kleine Steinlämpchen den Künstlern ein spärliches Licht geliefert.

Wann wurden die Bilder von Altamira gemalt? Die modernen Altersbestimmungsmethoden beantworten diese Frage heute ziemlich präzise. Als Mittelwert erhält man die Zeit vor 15 500 Jahren. Eine Schwankungsbreite von rund 700 Jahren nach „oben“ und „unten“ muß toleriert werden. Demnach schufen die Menschen der beginnenden Nacheiszeit die Kunstwerke. Die Gletschermassen hatten sich bereits aus den Zonen ihrer weitesten Verbreitung zurückgezogen, als man in Nordspanien die Höhlen für kultische Zwecke nutzte.

Zweifellos hat sich der Zustand der Wände in dieser langen Zeit verändert. Über der Höhlendecke von Altamira liegt eine Felsmasse von 7 bis 8 Metern. Der Kalk weist heute Klüfte auf, und Feuchtigkeit ist eingesickert. Sie allein brächte den sehr beständigen Mineralfarben keine Gefahr, aber das Wasser enthält gelösten Kalk (Calciumhydrogencarbonat), der die Oberfläche verändert, wenn er sich beim Verdunsten des Wassers wieder als unlösliches Material, als Kalk, niederschlägt. Versuche, das Eindringen von Feuchtigkeit zu verhindern, haben nur zu einer ungleichmäßigen Austrocknung der bemalten Decke geführt, so daß dem Gesamtkomplex kaum gedient ist. Seit der Strom der Besucher von Altamira nicht abreißt, muß man auch die absolute

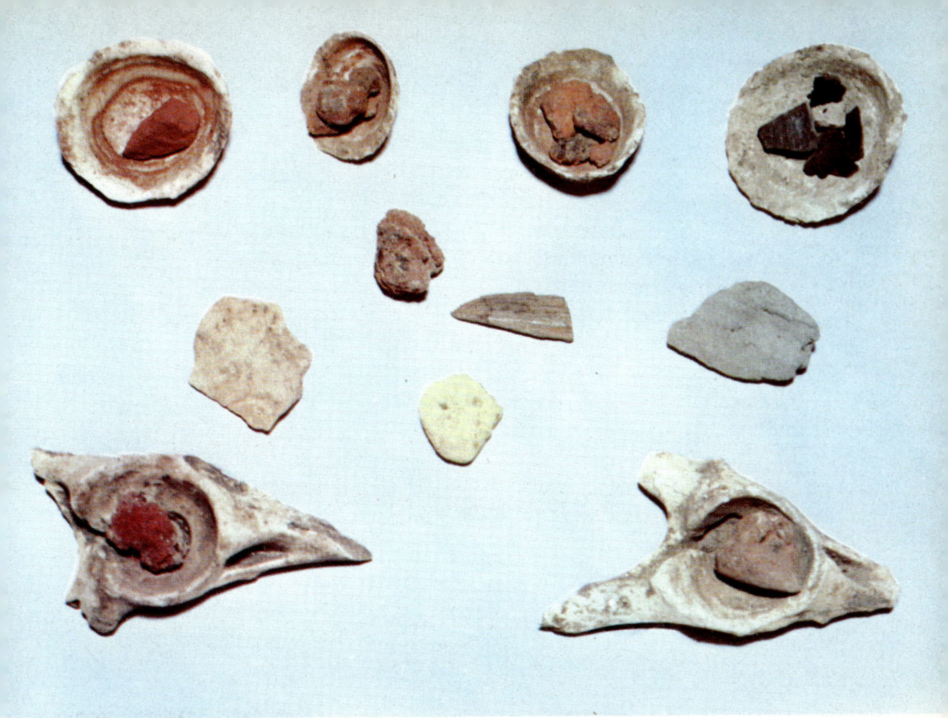

Bild 9. Ocker- und Manganproben, teilweise in Muschelschalen beziehungsweise Knochenpfannen aus der Höhle Altamira. Aufn. Prof. Dr. E. Pietsch, Bad Homburg v. d. H.

Luftfeuchtigkeit im „Großen Saal“ sorgfältig überwachen und auf einem Wert von 92 bis 96 Prozent halten. Wie Professor Dr. ERICH PIETSCH mitteilt, wirken die Farben bei 96 Prozent Luftfeuchtigkeit interessanterweise wesentlich kräftiger als bei 92%. Professor PIETSCH ist einer der besten Kenner der Höhle von Altamira, denn ihm oblag die schwierige Aufgabe, naturgetreue Kopien der Höhlendecke für Museumszwecke anzufertigen.

Lascaux

Altamira ist wohl die bekannteste Höhle mit steinzeitlichen Malereien. Daneben gibt es aber noch eine große Zahl weiterer Zeugen prähistorischer Kunst. Vor allem Südfrankreich weist herrliche Beispiele der Farbentechnik auf. Wir beschränken uns hier auf die Höhle von Lascaux bei Montignac in der Dordogne. Sie führt uns an ein Problem heran, das in Altamira zum Glück nur angedeutet zu finden ist.

Die Höhle von Lascaux wurde zur gleichen Zeit wie Altamira vom Menschen ausgestaltet. Auch hier überdauerten Malereien von erstaunlich gutem Erhaltungszustand mehr als 15 500 Jahre. Neben der polychromen (mehrfarbigen) Darstellung dominiert vor allem die monochrome (einfarbige) Wiedergabe. Seit mehr als 30 Jahren ist die Höhle von Lascaux für die Öffentlichkeit zugänglich – und jetzt muß man erkennen, daß man sie wieder verschließen muß!

Der Besucherstrom hat den Ruf des kleinen französischen Ortes in alle Welt getragen. Aber mit den Besuchern kam eine schleichende „Krankheit“, die die Malereien zu zerstören drohte. Die Luftfeuchtigkeit änderte sich wie in Altamira, aber mehr noch: grüne Algen ließen sich an den Wänden nieder. Seit 1950 hat man eine Klimaanlage installiert, aber sie konnte das Eindringen der Mikroorganismen nicht verhindern. Im Jahre 1960 entdeckte man einen grünlichen, schimmelartigen Fleck an der Wand. Der Fleck dehnte sich rasch weiter aus und vernichtete die natürliche Farbe an der betreffenden Stelle. Zunächst war man ratlos. Die Höhle wurde für drei Monate verschlossen und völlig abgedunkelt. Die Hoffnung, daß die lichthungrigen Algen verschwinden würden, erfüllte sich nicht. Im Gegenteil, die Flecke breiteten sich erheblich aus.

Bild 10. Pferd aus der Höhle Lascaux. Aufn. Prof. Dr. E. Pietsch, Bad Homburg v. d. H.

Offenbar war nicht allein die Alge von den Besuchern eingeschleppt worden. Untersuchungen ergaben, daß die Zellen auch ohne Helligkeit auskommen konnten, wenn ihnen nur genügend organische Substanzen zur Verfügung standen. Gerade sie aber hatten die Besucher in Form von Schweiß und Bakterien mitgebracht. Die Ventilatoren waren sicherlich auch Lieferanten von Pollenkörnern gewesen, von denen sich die Algen notfalls ernähren können.

Die Fachleute zeigten sich besorgt. Für alle Fälle fotografierte man die Malereien, um sie der Nachwelt wenigstens in dieser Form zu erhalten. Dann ging man den Bakterien mit Antibiotika zu Leibe, um der Alge die organische Nahrung zu nehmen. Am schwierigsten war die Aufgabe, die Pflanzenzellen selbst abzutöten, ohne die Farben an den Wänden zu verändern. Ein Spray mit Formaldehyd und einem speziellen Detergens erfüllte seinen Zweck. Der Belag verschwand, und eine weitere Zerstörung der Flächen scheint vorläufig gebannt. Neuerdings dürfen Wissenschaftler die Höhle mit einer Sondererlaubnis wieder betreten. Es wird aber noch Jahre dauern, bis man weiß, ob die Bekämpfungsmaßnahmen durchschlagenden Erfolg hatten. Vor allem werden die Verantwortlichen klären müssen, ob nicht bei einer Öffnung der unterirdischen Räume mit einer erneuten Verseuchung zu rechnen ist. Gegenwärtig umgibt die Kunstwerke in Lascaux wieder die Finsternis, die sie 15 500 Jahre lang umschlossen hat.

Das Alte ist beständig

Farben, die Jahrtausende überlebt haben, können dennoch schnell „sterben“, wie das Beispiel Lascaux zeigt. Wenn freilich der Mensch das Gleichgewicht der Bedingungen in der Höhle nicht gestört hätte, wäre alles beim alten geblieben. Abgesehen von diesen Sonderfällen, darf man aber doch behaupten, daß die echten Farben außerordentlich immun gegen Beeinflussungen durch die Umwelt sind. Wir wollen im folgenden die Gründe hierfür näher erläutern. Das Kapitel soll vor allem die chemisch interessierten Leser ansprechen.

Wie schon früher erwähnt, sind die natürlichen Erdfarben die Endprodukte eines lange währenden Ausleseprozesses. Nur die beständigen Substanzen konnten den Verwitterungsvorgängen widerstehen. Sollen künstliche Mineralfarben sie ergänzen, so müssen auch sie chemisch wenig reaktionsfähig sein. Das gilt zum Beispiel für den als schwarze Farbe häufig verwendeten Kohlenstoff in Form von Holz- oder Knochenkohle. Auch Ruß reagiert nur träge. Und der in der Natur vorkommende schwarze Graphit zeigt ebenfalls keine Neigung, sich etwa mit dem Luftsauerstoff zu verbinden. Ideale Farben!

Die Gelb- und Brauntöne sind eine Domäne der Eisenoxide. Eisen kommt ja in der Natur sehr verbreitet vor, und am Ende des Verwitterungsprozesses,

Bild 11. Zinnober-Kristalle aus Kalifornien. Aufn. Dr. Werner Lieber, Heidelberg

dem die eisenhaltigen Gesteine und Mineralien zum Opfer fallen, stehen die Oxide. Je nach ihrem Reinheitsgrad erhalten sie verschiedene Namen und zeigen verschiedene Tönungen. Sind viel Eisenhydroxide und Eisensulfate beigemengt, so spricht man von Ocker. Sie sind gelb bis rotbraun. Wie wir schon sahen, hat Ockerpulver bereits in der Steinzeit eine große Rolle gespielt. Erhitzt man die Substanz, so vertieft sich die Farbe nach rot. Jeder kennt diesen Vorgang. Er spielt sich beim Brennen von Ziegeln ab. Ist das Eisenoxid stark mit Ton durchsetzt, so spricht man von Rötel.

Bild 12. Malachit. Anschliff eines nierigen Stückes vom Kongo. Aufn. Dr. Werner Lieber, Heidelberg

Als rote Farbe hat man früher nicht selten Zinnober benutzt. Sie ist heute als gesundheitsschädlich erkannt worden und spielt keine Rolle mehr. Chemisch hat sie mit Zinn nichts zu tun, enthält vielmehr Quecksilber, wie die Formel HgS verrät.

Kalk bot sich von jeher als weiße Farbe an. Gipspulver ist ebenfalls weiß und kann den Kalk gut ersetzen. Verunreinigungen lassen Gips allerdings grau werden. Bleiweiß – der Chemiker spricht von basischem Bleicarbonat – zeichnet sich durch eine hohe Deckkraft aus und wird daher von Kunstmalern geschätzt. Sie rühren die Farbe mit Mohnöl an und nennen sie dann Kremserweiß. Einen wesentlichen Nachteil darf man jedoch nicht übersehen: An der Luft verfärbt sich Bleiweiß allmählich nach Gelb bis Braun, da die geringen Mengen von Schwefelwasserstoff, die überall vorhanden sind, sich mit dem Blei zu Bleisulfid verbinden. Hier zeigt sich einmal, daß auch Mineralfarben nicht völlig unangreifbar sind!

Die genannten Farben hat man schon im Altertum benutzt. Wann sie „erfunden" wurden, läßt sich nicht sagen. Forschungen in Pompeji haben die große Bedeutung des Farbenhandels in alter Zeit bestätigt. Davon zeugen nicht nur die gut erhaltenen Wandmalereien an den Wänden der Häuser, sondern auch die Existenz einer Farbenhandlung mit einer Vielzahl von Erdfarben, die man offenbar in großer Auswahl kaufen konnte. Bereits im alten Ägypten verstand man einen leuchtend blauen Farbton zu erzeugen, ohne daß wir bis heute wüßten, wie er hergestellt wurde. Wahrscheinlich war der grüne Malachit, ein basisches Kupfercarbonat, einer der Ausgangsstoffe.

Dieses kleine Sortiment antiker Farben mag genügen. Was hat die neuere Zeit

Bild 13. Azurit-Kristalle aus Altenmittlau in Hessen. Aufn. Dr. Werner Lieber, Heidelberg

Bild 14. Lapislazuli aus Afghanistan. Aufn. Dr. Werner Lieber, Heidelberg

der Palette hinzugefügt? In vielen Fällen greift die moderne Technologie auf ältere Verfahren zurück und verändert lediglich die Behandlung der Stoffe. So kann man heute manche Erdfarben durch Zermahlen und Glühen bei bestimmten Temperaturen in gewisser Weise „umfärben“. Auch die Korngröße spielt oft eine wesentliche Rolle. Deshalb kann die Gewinnung durch Ausfällen in unterschiedlichen Reaktionen die Tönung variieren. Der Chemiker steht häufig vor großen Schwierigkeiten, wenn er die Gleichmäßigkeit einer Farbe über Monate und Jahre hinaus im Produktionsprozeß garantieren soll, bleiben doch seine Einblicke in den Aufbau mancher Substanzen auch heute noch beschränkt.

Ein typisches Beispiel für das „Handwerkliche“ in der Farbenchemie ist die Herstellung der bekannten blauen Farbe Ultramarin. Blautöne waren früher im Sortiment der Erdfarben selten. Wollte man nicht die erwähnte in Ägypten entwickelte Methode anwenden, so blieb nur der wenig beständige Azurit, auch als Kupferlasur bezeichnet. Azurit oder Bergblau ließ sich zwar aus einheimischen Mineralien gewinnen, doch schlug das Pigment leicht nach Grün um und war daher bei Malern nicht sehr beliebt. Ein beständiges Blau lieferte der echte Lapislazuli – aber dieser Stein war außergewöhnlich teuer! Er wird

heute noch als Halbedelstein geführt. Größere Lager kannte man im Altertum nur aus dem Vorderen Orient, aus Indien und dem Hindukusch. Kein Wunder, daß man den Stein mit Gold aufwog und die gepulverte Masse, die als Farbgrundlage diente, außerordentlich kostbar war. Ultramarin nannte man die Farbe, weil sie von jenseits des Meeres (ultra mare) kam. Im Jahre 1824 setzte ein französischer Ausschuß einen Preis von 6000 Franken für denjenigen aus, der ein Verfahren zur künstlichen Herstellung von Ultramarin angeben könne. Tatsächlich gelang es wenige Jahre später mehreren Erfindern fast gleichzeitig, die Natur nachzuahmen. Es zeigte sich, daß man eine Art Ultramarin erhielt, wenn Kaolin, Soda, Natriumsulfat, Schwefel und Kohle miteinander unter Luftabschluß auf Rotglut erhitzt wurden. Etwa 14 Tage mußte das Produkt abkühlen und konnte dann aufgearbeitet werden. Nach verschiedenen Reinigungs- und Trennungsverfahren erhielt man den blauen Farbstoff Ultramarin – viel billiger, als die Natur ihn zu liefern vermag.
Schon 1834 konnte Carl Leverkus die erste Ultramarinfabrik gründen.

Die Zahl der neuen Mineralfarben ist sehr gering. Seit 1800 kamen kaum ein Dutzend wirklich brauchbare Stoffe hinzu. Am bekanntesten sind wohl das Zinkweiß und das Kobaltblau, die zu Beginn des 19. Jahrhunderts in technischem Maßstab gewonnen wurden. Mit der Entwicklung der Chemie traten auch Farben auf der Basis von Chrom und Cadmium in den Vordergrund, und eine der letzten wichtigen „Kompositionen“ ist das Titanweiß, das erst 1928 seinen Siegeszug begann. Titanweiß ist heute das wichtigste Weißpigment.

Freilich soll dadurch nicht der Eindruck entstehen, die moderne Farbentechnik habe nichts Neues mehr zu bieten. An Arbeit fehlt es ihr nicht. Ihre Tätigkeit hat sich jedoch von der Erfindung neuer Farbsubstanzen weitgehend auf das Gebiet der speziellen Anwendung vorhandener Materialien verschoben. Hier sei nur ein Beispiel angeführt. Seit alter Zeit hat man nach Farbbindemitteln gesucht, die das Pulver in möglichst fein verteilter Form auf die Unterlage aufzubringen gestatten. Die seltsamsten Stoffe wurden hierfür benutzt. Milchkasein, Eiweiß und Fischleim sind nur einige von ihnen. In dieser Reihe sollte der Schellack nicht fehlen. Bestimmte Arten von Pflanzenläusen, die in Hinterindien und Vorderindien beheimatet sind, siedeln in großen Massen auf den Zweigen tropischer Bäume und erzeugen an ihrer Körperoberfläche ein Harz, das schließlich die Ästchen in millimeterdicker Schicht überzieht. Dieser Schellack läßt sich reinigen und kann in Alkohol aufgelöst werden. So erhält man ein Farbbindemittel, das den Vorteil hat, die Farben fein zu verteilen und in dünnem Film auf die Unterlage aufzutragen. Lack leitet sich also im Ursprung vom Schellack ab.

Ein weiter Weg führte von den Höhlenmalern in Altamira zu den Spritzlackierern im Autowerk!

Textilien und Farbstoffe

Wenn man alten Berichten glauben darf, dann färbten schon die Gallier ihre Gewebe mit dem Saft der Heidelbeere. Sie preßten die Früchte aus und erhielten so eine Flüssigkeit, deren Farbe auf Leinen „zog“. Chemisch gesprochen, benutzten sie eine Gruppe von Verbindungen, die man heute Anthocyane nennt. Sie sind in den verschiedensten Spielarten im Pflanzenreich verbreitet. Von Rot über Violett bis Blau bilden sie eine reiche Palette für die Farben von Blättern, Blüten und Früchten: Brombeeren, Kirschen, dunkle Weintrauben und Berberitzenfrüchte verdanken ihre Farbe ebenso den Anthocyanen wie die Rosen, die Astern, die Dahlien, die Blutbuche oder das Rotkraut. Freilich sind die Farbstoffe nicht sehr beständig. Am Licht zersetzen sie sich leicht. Zudem reagieren sie auf Säuren und Laugen sehr empfindlich. So weiß zum Beispiel jede Hausfrau, daß man Rotkraut, das beim Kochen bläulichviolett geworden ist, durch den Zusatz von Essig (Essigsäure) wieder rötlich färben kann.
So waren also die Heidelbeeren der alten Gallier noch kein idealer Rohstoff für das Färben von Textilien. Aber anderswo hatte man ja schon mehr Erfahrung. Wir haben bereits gehört, daß im Ägypten der Pharaonen Mumienbinden so echt gefärbt worden sind, daß sie noch nach mehr als 4000 Jahren recht ansehnlich waren, und Phönizier, Römer und Griechen haben ebenfalls Beachtliches auf diesem Sektor geleistet. Dennoch legte die Natur wie bei den Erdfarben auch bei den Pflanzenfarbstoffen keine allzu große Auswahl vor. Vor allem blieben wirklich beständige Tinkturen recht selten. Außerdem zeigte sich bald, daß es gar nicht so leicht war, die Faser mit dem Farbstoff wirklich zu verbinden. Nur in den seltensten Fällen war die „Affinität“ der Lösung so groß, daß man die Gewebe unmittelbar beeinflussen konnte. Der Heidelbeersaft gehört zu diesen Ingredienzien, und mancher Freund eines guten Rotweins wird schon Erfahrungen mit sehr beständigen Flecken auf dem weißen Tischtuch gesammelt haben. Die meisten Farbstoffe aber benötigen spezielle Verfahren, um verwendbar zu werden.

Wie man färbt

Direktfarbstoffe

Baumwolle wird aus den Samenhaaren der Baumwollpflanze hergestellt. Chemisch handelt es sich um nichts anderes als um Cellulose. Das Cellulosemolekül setzt sich aus ungeheuer vielen kleineren Bausteinen zusammen, die jeder

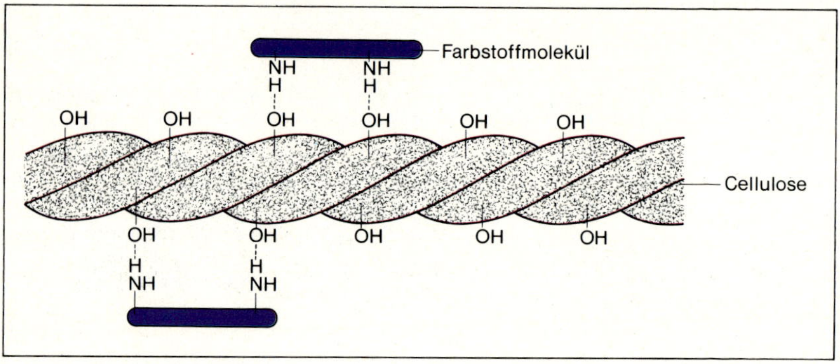

Bild 15. Wasserstoffbrücken verbinden Direktfarbstoffe mit den Cellulosemolekülen. Die Wasserstoffbrücken sind punktiert

als Traubenzucker (Glucose) kennt. Charakteristisch für diese Bausteine sind die zahlreichen Hydroxylgruppen, auch OH-Gruppen genannt.
Mit den Cellulosemolekülen chemisch „ins Gespräch“ zu kommen ist nicht einfach. Die OH-Gruppen zeigen wenig Neigung zu reagieren. Bei einer Reihe von Farbstoffen begnügt man sich daher, eine nur lockere Bindung zwischen dem Farbstoff- und dem Cellulosemolekül herzustellen. Diesen lockeren Bindungstyp nennt der Chemiker Wasserstoffbrücke (Bild 15). Er beruht lediglich auf einer schwachen Anziehung, nicht auf echten Valenzen. Diese lose „Anheftung“ bringt es mit sich, daß die Farbe gegen Waschen nicht sehr beständig ist. Dafür gestaltet sich die Färbung um so einfacher: Man braucht das Baumwollgewebe nur mit der Farblösung in Berührung zu bringen; ohne weitere Vorbehandlung „zieht die Farbe direkt auf“. Daher hat man für diese Gruppe den Namen Direktfarbstoffe gewählt. Manchmal nennt man sie auch Substantive (Baumwoll-)Farbstoffe. Die klassischen Vertreter wie Indigo oder Purpur gehören nicht zu ihnen. Als Beispiel sei das Kongorot genannt, das 1884 erstmals synthetisiert wurde. Es spielt heute allerdings in der Färbetechnik keine Rolle mehr.

Saure Wollfarbstoffe

Wolle und Seide bestehen als Eiweißstoffe aus ganz anderen Bausteinen als Cellulose. Auch sie enthalten zwar Makromoleküle, aber ihre Untereinheiten sind die Aminosäuren. Davon gibt es in der Natur mehr als 20 verschiedene Arten. Doch das braucht uns nicht zu kümmern. Für uns ist nur wichtig, daß

Aminosäuren nicht selten freie Aminogruppen ($-NH_2$) und Säuregruppen ($-COOH$) tragen. Da beide Molekülreste chemisch ziemlich reaktionsfähig sind, bietet sich für die Bindung eines Farbstoffs an Wolle oder Seide eine viel bessere Voraussetzung. Vor allem die Aminogruppe der Wollfasern ist in unserem Zusammenhang interessant. Sie wirkt alkalisch (basisch, laugenhaft). Aus diesem Grunde gelingt es verhältnismäßig leicht, einen Farbstoff, der einen Säurerest enthält, an die Wolle zu binden – im echten chemischen Sinn zu binden! Im Gegensatz zu den Direktfarbstoffen hängen die beiden Partner Eiweißmolekül (Wolle) und Farbstoffmolekül auf Grund entgegengesetzter elektrischer Ladungen zusammen. Mit dieser Bindung verliert der Farbstoff auch seine Löslichkeit und wird ein Teil des Woll- oder Seidenfadens.
Wie man sieht, wird Wolle und Seide bevorzugt von Farbstoffen gefärbt, die in ihrem Molekül eine Säuregruppe tragen (Bild 16). In der Praxis eignet sich die saure Sulfogruppe $-SO_3H$ besonders gut. Falls der Farbstoff nicht nur eine Sulfogruppe enthält, sondern deren zwei, so kann er geradezu als „Kitt" zwischen zwei Eiweißfäden wirken und sich daraufhin noch fester verankern: Saure Wollfarbstoffe sind recht beständig. Es leuchtet wohl ein, daß man mit ihnen bei Baumwolle nichts erreichen kann. In dieser Gruppe treffen wir

Bild 16. Die basischen Aminogruppen der Wolle binden die sauren Sulfogruppen des Farbstoffs chemisch: Saure Wollfarbstoffe

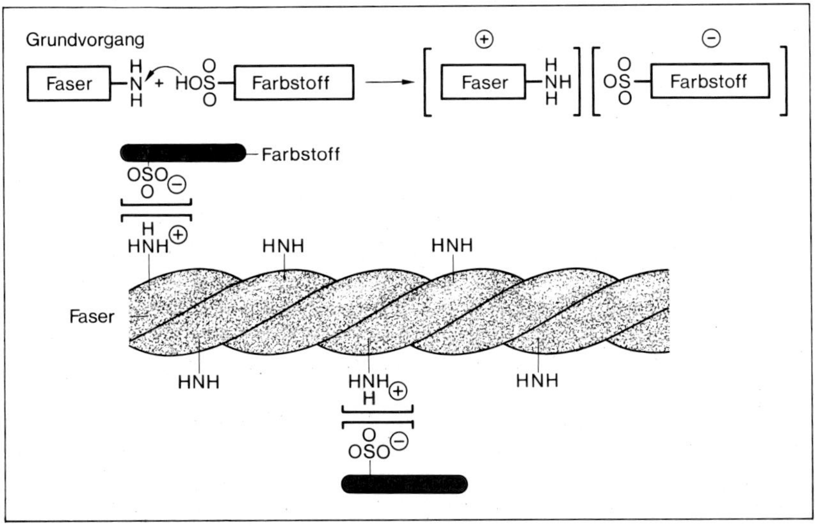

übrigens einen alten Bekannten: Das Eosin der roten Tinte kann man technisch als sauren Farbstoff einstufen. Der färbetechnische Aufwand ist auch nicht größer als bei den Direktfarbstoffen.

Basische Farbstoffe

Basische Farbstoffe stellen in ihrer Wirkungsweise gewissermaßen die Umkehrung der sauren dar. In ihrem Molekül sind basische Aminogruppen enthalten, die mit den Säuregruppen reagieren, falls sie an der Faser vorkommen. Im Fall der Eiweißstoffe liegen solche Gruppen von Natur aus vor. Daher reagieren basische Farbstoffe recht dauerhaft mit Wolle und auch Seide. Pflanzenfasern wie Baumwolle sind nicht ohne weiteres färbbar. Man muß hier den Farbstoffen erst eine „Brücke“ bauen, über die sie die Faser erreichen können. Als derartige Brückenmoleküle haben sich von alters her die sogenannten Beizen bewährt. Man versteht darunter vor allem Gerbstoffe wie Tannin oder dergleichen. Behandelt man die Baumwollfasern mit Tanninlösungen vor, so haftet anschließend der basische Farbstoff daran und färbt die Faser. Die „sauren Beizen“ sind also das Geheimnis der Färbbarkeit.
Basische Farbstoffe sind heute nicht mehr besonders wichtig, da sie recht unbeständig sind. Textilien unterwirft man dem Verfahren nur noch selten. Häufiger findet man basische Farbstoffe noch auf buntem Papier, an das keine besonderen Echtheitsanforderungen gestellt werden (Faschingsdekorationen, Krepp-Papier usw.). Zu ihnen zählt man beispielsweise das rote Fuchsin. Methylenblau hat keine Bedeutung in der Technik, wohl aber ist es als Färbemittel für medizinische Präparate bekanntgeworden.

Beizenfarbstoffe

Nachdem der Begriff Beize nun schon erwähnt wurde, ist es nicht schwierig, die nächste Gruppe grundsätzlich zu erläutern: Beizen sind stets Stoffe, die sich als Vermittler zwischen Faser und Farbstoff anbieten. Sie müssen in der Lage sein, beide Partner fest an sich zu binden und damit zu vereinigen.
Bei den echten Beizenfarbstoffen dient als ein derartiger Vermittler meist eine Metallsalzlösung, mit der man zunächst die Faser behandelt. Ob Wolle, Seide oder Baumwolle – bewährt haben sich in jedem Fall Salze des Aluminiums, Chroms, Kupfers und Eisens. Sie bilden mit den beiden Partnern Faser und Farbstoff schwerlösliche und sehr beständige Verbindungen, die man Farblacke nennt. Hier hat das Wort Lack allerdings nicht die Bedeutung wie bei den anorganischen Pigmenten!
Da es sich um echte chemische Bindungen von großer Beständigkeit handelt,

sind die Beizenfärbungen sehr beliebt. Textilien wie Uniformröcke, Anzugstoffe und andere dauerhafte Gewebe behalten ihre Färbung unverändert. Alizarin ist einer der „traditionsreichsten“ Beizenfarbstoffe.

Küpenfarbstoffe

Küpenfarbstoffe nehmen eine Sonderstellung ein: Sie sind in Wasser unlöslich, ähneln demnach hinsichtlich dieser Eigenschaft in gewisser Weise den anorganischen Pigmentfarben. Allerdings ist diese Unlöslichkeit nicht „unwiderruflich“. Man kann die Küpenfarbstoffe nämlich durch eine chemische Behandlung sehr leicht in eine lösliche Form überführen. Diese chemische Behandlung nennt der Fachmann eine Reduktion. Betrachten wir ein praktisches Beispiel. Indigo, ein Farbstoff, auf den wir noch eingehend zu sprechen kommen werden, ist leuchtend blau – aber eben unlöslich. Um ihn zu „verwandeln“, muß man ihn pulverisieren und in die alkalische Lösung eines Reduktionsmittels einbringen. Als Reduktionsmittel eignet sich erfahrungsgemäß das Salz Natriumdithionit von der Formel $Na_2S_2O_4$. Chemisch betrachtet handelt es sich dabei um eine Anlagerung von Wasserstoff an Sauerstoff, was man etwa folgendermaßen wiedergeben kann:

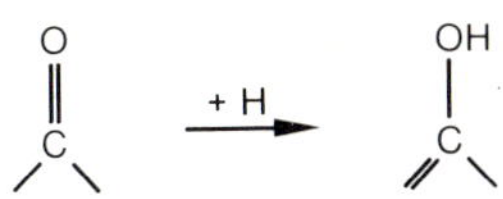

Bei dieser Reduktion verwandelt sich die blaue Indigoverbindung in eine farblose, dafür aber wasserlösliche Substanz. Man nennt sie die Leukobase (leukos, griech., weiß).
Mit dieser Leukobase tränkt der Färber nun das Gewebe, meist einen Baumwollstoff. Die Flüssigkeit zieht ein, ohne daß bisher etwas von einer Färbung zu sehen wäre. Bringt man die Fasern aber an die Luft, indem man sie etwa zum Trocknen aufhängt, so oxidiert der Sauerstoff die Leukobase wieder zur farbigen Verbindung – und die Faser färbt sich dauerhaft blau! Mit diesem Oxidationsvorgang kehrt natürlich auch die Unlöslichkeit zurück; dieses Mal ist sie aber erwünscht, denn sie verhindert das Auswaschen des Farbstoffs.
In kurzer Form läßt sich die Küpenfärbung also durch folgende Prozesse beschreiben:

$$\text{Farbstoff} \xrightarrow{\text{Reduktion}} \text{Leukobase} \xrightarrow{\text{Oxidation}} \text{Farbstoff}$$

Indigo als typischer Küpenfarbstoff ist außerordentlich farbecht und beständig. Früher kannte man den chemischen Ablauf des Verfahrens nicht, sondern färbte nach überlieferten Rezepten. An die Stelle der Reduktion traten damals oft Gärungsvorgänge, bei denen man die Flüssigkeit in großen Behältern (Kübeln) sich selbst überließ. Aus dem Wort Kübel ist dann der Ausdruck Küpe geworden, der gleichzeitig die Flüssigkeit mit der Leukobase bezeichnete.

Entwicklungsfarbstoffe

Sobald ein Farbstoff unlöslich auf der Faser verankert ist, färbt er sehr dauerhaft. Man ist deshalb auf den Gedanken gekommen, unlösliche Farbsubstanzen erst unmittelbar auf der Faser aus vorher ungefärbten „Bausteinen" zu synthetisieren. Das Gewebe wird in ein Bad aus molekularen Vorstufen eingelegt, die dann durch chemische Reaktion zum Farbstoff zusammengesetzt werden. Dieser bleibt fest auf der Faser haften. Der Name Entwicklungsfarbstoffe erscheint sinnvoll, „entwickeln" sie sich doch tatsächlich erst dort, wo sie gebraucht werden.
Obwohl das Grundprinzip ziemlich einfach aussieht, ergeben sich in der Praxis mannigfaltige Schwierigkeiten. Das ist die Ursache dafür, daß Entwicklungsfarbstoffe heute keine so große Rolle mehr spielen. Als Beispiele seien das Anilinschwarz und viele Azofarbstoffe genannt.
Mit dieser kleinen Aufzählung von Färbemethoden ist das Thema naturgemäß nicht im entferntesten erschöpft. Es gibt noch viele andere Verfahren, die aber meist einige chemische Kenntnisse für ihr Verständnis erfordern und die wir hier weglassen. Dies ist um so leichter möglich, als sie im weiteren Verlauf unserer Betrachtung keine Rolle spielen werden.

Die Natur liefert die Rohstoffe

Bei den genannten Färbemethoden sind wir zum Teil schon in die Chemie unserer Tage vorgestoßen. Zum Beispiel ist der Begriff der Entwicklungsfarbstoffe daran geknüpft, daß man die Ausgangssubstanzen für den Vorgang in ihrem Molekülaufbau kennt und meistens auch weiß, was sich bis zur Bildung des Endprodukts abspielt. In vergangenen Jahrhunderten hatte man diese Kenntnisse nicht und mußte sich auf zufällige Beobachtungen verlassen. Die große Erfahrung antiker Färber und das erstaunlich genaue Weitergeben von einmal entwickelten Verfahren haben aber auch schon früher Früchte getragen. So sind selbst komplizierte Methoden der Küpen- und Beizenfärbung überliefert.
Wir wollen nun an einigen Beispielen die oft sonderbaren Wege verfolgen, auf denen ein Farbstoff zu uns gekommen ist. In den meisten Fällen sind diese Wege nicht geradlinig, sondern verworren, und mitunter nimmt uns das Dunkel der Geschichte die Sicht. Dann fällt die Chronik für Jahrhunderte aus, und

Bild 17. Eine Purpurschnecke mit rotem Schwammüberzug. Aufn. Dr. Fritz Nordsieck, Haan

der Farbstoff taucht erst spät und vielleicht sogar unter anderem Namen wieder bei uns auf.
Letzten Endes münden aber alle Wege in die moderne Chemie der Farbstoffe ein. Dieses erregende Kapitel der Synthese von Farbsubstanzen lassen wir in den folgenden Abschnitten noch aus und kommen erst im historisch abschließenden Teil darauf zurück, wenn es heißt: Die Chemie greift ein.

Purpur

Wer heute die Städte Sur oder Saida in Libanon betritt, wandelt auf geschichtsträchtigem Boden. Sur, das Tyros der Phönizier, und Saida, das man damals Sidon nannte, gehörten um 1000 v. Chr. zu den mächtigsten Handelsstädten des Mittelmeeres. Geht man südlich von Saida am Strand entlang, so fallen einem auf eine Länge von einigen hundert Metern ungeheure Mengen von Gehäusen einer bestimmten Meeresschnecke auf. Die Zoologen nennen sie Brandhorn oder *Murex trunculus*. Die Schalen liegen in meterhohen Schichten angehäuft. Sie sind die imposanten Reste einer Gewerbetätigkeit, die vor mehr als 3000 Jahren dort in Blüte stand: der Purpurherstellung.
Der Purpurfarbstoff wird aus Schnecken gewonnen. Wir können uns heute kaum vorstellen, welchen Reiz dieser rötlich-violette Farbton auf die Men-

schen jener Zeit ausgeübt hat, besaß er doch eine Eigenschaft, die damals bei Färbungen äußerst selten war: Lichtechtheit. Fast alle Farbstoffe, die man aus Pflanzen gewinnt, bleichen mehr oder weniger schnell aus. Purpur behält seine Kraft, ja verdankt seine Existenz sogar dem Licht.

Um die Entdeckung des Purpurfarbstoffs ranken sich von jeher Legenden. Dem Griechen KONSTANTION PALAEOKAPPA verdanken wir eine dieser Überlieferungen. Er hat sie um das Jahr 1453 aus älteren Berichten abgeschrieben. Woher immer die Geschichte auch stammen mag, sie stellt eine häufig wiederkehrende Version dar: „Man erzählt sich, der Purpur sei im phönizischen Tyrus unter folgenden Umständen gefunden worden. Der Hund eines Hirten fand beim Streunen eine Schnecke und fraß sie auf. Das Blut der Schnecke färbte die Schnauze des Hundes. Der Hirte war des Glaubens, der Hund habe sich verletzt, nahm ein Stück Wolle und wischte dem Hund das ‚Blut' von der Schnauze. Dabei stellte sich heraus, daß sich der Hund nicht verletzt hatte. Die Wolle aber färbte sich purpurn. Da merkte der Hirte, daß der Schnecke diese Färbekraft eigen war. Er machte den Sachverhalt bekannt, und seitdem fängt man im Meer die Purpurschnecken."

Die Purpurherstellung blieb noch in der Römerzeit einer bestimmten Zunft vorbehalten, die staatlich überwacht und zur Wahrung ihres Berufsgeheimnisses verpflichtet war. Dennoch wissen wir über die Grundvorgänge verhältnismäßig gut Bescheid. Am Beginn des Herstellungsprozesses stand das Sammeln jener Meeresschnecken, deren Körper eine Purpurdrüse enthält. Außer *Murex trunculus* kamen noch einige andere Arten hierfür in Betracht. Die Tiere sind an den Küsten in großer Zahl anzutreffen, und heute kennt sie jeder Sporttaucher von seinen Expeditionen ins Mittelmeer. Ja, auch der Tourist sieht sie nicht selten, ohne freilich zu ahnen, um welch historisch interessante Objekte es sich handelt: In den Markthallen von Triest, Venedig oder Palermo werden die Schnecken feilgeboten, das Kilogramm für ein paar Pfennige. Die mit Stacheln besetzten Gehäuse fallen durch einen langen, röhrenförmigen Fortsatz auf. Man möchte meinen, daß Purpur bei der Menge der gefangenen Schnecken ein billiges Produkt sein müsse. Aber da täuscht man sich. Für die Farbherstellung interessiert nämlich nur eine winzige Drüse in der Nähe der Kiemenhöhle; sie allein produziert die Vorstufe des Purpurs. Welche Bedeutung sie für das Tier hat, ist bis heute unbekannt.

So kam es, daß man in der Antike Zehntausende von Schnecken benötigte, um auch nur ein Gramm des kostbaren Purpurs gewinnen zu können. Aus spätrömischer Zeit ist uns überliefert, daß das Färben von einem Kilogramm Purpurwolle umgerechnet etwa 6000 bis 7000 Mark gekostet hat. Hieraus ergibt sich, daß nur die Vornehmsten und Reichsten sich diesen Luxus erlauben durften. Purpur wurde zum Symbol der privilegierten Schichten, mehr

Bild 18. Purpurstoff aus dem Domschatz zu Aachen. Aus „Die BAFS". BAFS-Werkfoto, Ann Bredohl-Lepper, Aachen

noch als Gold: Senatoren durften an ihrer Tunica einen breiten purpurfarbenen Streifen tragen.

Das Sammeln der Zehntausende von Schnecken hätte in einer Zeit, die keinen Mangel an Arbeitskräften kannte, den außerordentlich hohen Preis noch nicht erklärt. Ein weiterer Umstand kam hinzu, nämlich die komplizierte und langwierige Methode der Herstellung. Die Purpurfärber zerstampften zunächst die Schnecken. Bei größeren Arten wurde das Gehäuse aufgebohrt und das Gewebe der Kiemenhöhle mit der wertvollen Drüse herausgeholt. Zusatz von Salz zu dem Brei ergab schließlich eine trübe, bräunlich-gelbe Flüssigkeit, die noch keinerlei Ähnlichkeit mit einem Farbstoff erkennen ließ. Etwa zehn Tage lang erhitzte man nun die Brühe, um Verunreinigungen auszuscheiden und die Lösung anzureichern. Dabei verringerte sich die Flüssigkeitsmenge beträchtlich. Hatte man zum Beispiel 100 Liter Rohbrühe angesetzt, so blieben

am Schluß noch etwa fünf Liter Extrakt! So versteht man die Kostspieligkeit des Verfahrens.
Wir erkennen in dieser gelblichen Vorstufe des Purpurextrakts die schon erwähnte Leukobase. Sie muß im folgenden Prozeß in die Farbsubstanz umgewandelt werden. Diese Umwandlung – das wußten schon die Phönizier – vollzieht sich beim Purpur am Licht. Man braucht nur Seide oder Wolle in die Leukobase zu tauchen und die Fäden der Sonne auszusetzen. Dann entsteht zunächst ein gelbstichiges Grün, später allmählich ein Rot und schließlich die Königin der antiken Farben, der leuchtend violette Purpurton.
Beschreibt man den Vorgang in dieser Weise, so erweckt man den Eindruck, als sei der Prozeß eine rein handwerkliche Routinearbeit. In Wirklichkeit gibt die Beschreibung aber nur das Prinzip wieder. Die Kunst der Purpurfärber bestand nämlich darin, die verschiedensten Farbtöne vom hellsten Rot bis zum tiefsten Violett je nach Wunsch zu erzeugen. Das konnte zum Beispiel dadurch geschehen, daß man Farbbrühen verdünnte oder die Fasern unterschiedlich lange eintauchte. Große Bedeutung hatten zweifellos auch Extrakte verschiedener Herkunft, denn je nach der Art der verwendeten Schnecken schwankte der Farbton um einen Mittelwert. Wir wissen auch, daß der hohe Preis der Purpurfärbung Anlaß zur Entwicklung von Verfahren gab, die eine Verbilligung ermöglichten. So gab man etwa einer Wolle, die mit anderen roten Farben vorbehandelt war, nur noch abschließend einen Hauch des echten Purpurs mit. Der Fachmann würde dies heute einen „Purpurfinish" nennen. Ein solches Strecken der Färbung muß in der Antike gang und gäbe gewesen sein, denn zur römischen Kaiserzeit war der reine Purpur ausdrücklich den Göttern und den Kaisern vorbehalten. Damals hatte die Stadt Tarent die größten Purpurfabriken und stand dadurch auf dem Höhepunkt ihrer Macht.
Der Purpur hat den Ausgang der römischen Kaiserzeit nicht überlebt. Die Herrscher der byzantinischen Epoche durften zwar noch als einzige ihre Schriftstücke mit einer Purpurtinte unterzeichnen, aber das Reich zerfiel, und man vergaß den Luxus der Purpurherstellung.

Indigo

Purpur kennt heute kaum jemand. Indigo hat auch in der Gegenwart noch Bedeutung. Eine der Ursachen liegt darin, daß der leuchtend blaue Farbstoff niemals zum Symbol kaiserlicher Macht oder ständischer Prunksucht geworden ist. So blieb dem Indigo das Schicksal erspart, Spielball der Geschichte zu werden. Seine Herstellungsverfahren haben sich seit der Antike zwar gewandelt, doch sind sie nie in Vergessenheit geraten. Zu jener Zeit, als beide Farbstoffe noch hoch im Kurs standen, ergänzten sie sich in idealer Weise. Eine

Bild 19. Natur-Indigo. BASF-Werkfoto

Kombination von Purpur mit Indigo ließ Mischfarben entstehen. Rot konnte man durch Blau in Violett abwandeln, ohne daß hohe Purpurkonzentrationen nötig gewesen wären.

Indigo hat eine ganz andere Herkunft als der Schneckenfarbstoff. Er wird aus Pflanzen gewonnen. Eine farblose Vorstufe, das sogenannte Indican, ist in verschiedenen Arten von Schmetterlingsblütlern und Kreuzblütlern enthalten. In Indien baut man seit alter Zeit die echte Indigopflanze *Indigofera tinctoria* an, während Europa seinen Bedarf im Mittelalter durch den einheimischen Färberwaid *Isatis tinctoria* deckte. Diese Pflanze findet man noch heute nicht selten im Rheingebiet verwildert vor. Größere Bedeutung hatte stets der Anbau in Indien. Dort erntete man die Indigopflanze zur Blütezeit und legte sie zunächst 12 bis 15 Stunden in wassergefüllte Gruben. Dies war im Altertum eine Erfahrungsregel. Wir wissen heute, was bei diesem Wässern geschieht: Unter dem Einfluß eines Ferments spaltet sich das Indican und ergibt das Zwischenprodukt Indoxyl, das zwar ebenfalls noch farblos ist, aber die Eigenschaft besitzt, mit Luftsauerstoff in den blauen Indigofarbstoff überzugehen. Auch hier kann man also von einer ungefärbten Leukobase sprechen. Den Umwandlungsprozeß zur Farbe bewirkt aber nicht die Sonne, sondern der Sauerstoff der Luft. Der Herstellungsprozeß ist in den tropischen Ländern nicht einheitlich. So beschreibt der Ethnologe PAUL STAUDINGER in seinem 1891 erschienenen Buch „Im Herz der Haussaländer" die Indigofärbung der

Sudanneger folgendermaßen: „Das Hauptfärbemittel, den Indigo, findet man in vielen Orten des Landes angebaut. Die Blätter und Stengel werden durch Aufgießen von Wasser und Stehenlassen in Tongefäßen in Gärung gebracht; oft fügen die Eingeborenen aber auch noch Blätter anderer Gewächse sowie, wie sich die Leute ausdrücken, Schmutz hinzu, womit sie Erde oder Staub meinen. Einigemal roch die gärende Masse, als ob Tiermist zugesetzt worden wäre. Die ganze Färbereianlage befindet sich in einem abgelegenen Teil der Stadt auf einem erhöhten Platz, wo sechs bis zwanzig, mitunter auch vierzig große Töpfe in den Boden hineingearbeitet sind. Die Gefäße haben eine glatte, glasurähnliche Innenfläche; ob dies durch Brennen oder ähnliches Zementieren mit Ton hergestellt wird, kann ich nicht genau angeben. Geflochtene Deckel schließen die gärende Masse von der Außenluft ab. Nach vorhergegangener Extrahierung schöpfen Arbeiter die obere Flüssigkeit ab und gießen sie in verschiedenen Verdünnungen in die benachbarten Töpfe. Die zu färbenden Kleidungsstücke werden dann hineingelegt und die Gefäße mit Strohmatten zugedeckt. Die ganze Anlage gehört meist einem Herrn, dem Färbermeister. Er hat eine Anzahl Gesellen, die mit langen Stangen die Stoffe und die Masse umrühren. Gefärbt werden Garne, Streifen und ganze Gewänder. Je nach Stärke der Lösung oder Länge der Zeit, während der die zu färbenden Gegenstände in der Brühe liegen, wird das Blau heller oder dunkler. Durch wiederholte Färbung können die Leute ein schönes Blauschwarz hervorbringen. Den metallischen Appreturglanz stellt man durch andauerndes Klopfen mit breiten glatten Holzschlegeln her. Allerdings färbt in der ersten Zeit das Blau am Körper ab, und die Haussa tragen dann gern noch ein weißes Gewand darunter, das dadurch eine himmelblaue Schattierung erhält. Doch läßt dieses Abfärben bald nach; die Farbe scheint dann leidlich echt zu sein."

Der Anbau von Indigo ist bis in die Neuzeit hinein nie zum Erliegen gekommen. Mancherlei Gründe mögen dazu beigetragen haben. Die Beharrlichkeit und das Traditionsbewußtsein der indischen Bauern vermochten Krisenzeiten und Rückschläge zu überdauern. Als der Seeweg nach Europa offenstand, breitete sich der Export bald stark aus, und die bei uns übliche Gewinnung des blauen Farbstoffs aus dem Waid ging immer mehr zurück. HERMANN KLAMFOTH beschreibt die Verhältnisse in Mitteldeutschland folgendermaßen: „Der Waid wurde besonders in 300 kleineren Orten Thüringens angepflanzt; in den fünf Waidstädten Erfurt, Gotha, Arnstadt, Tennstadt und Langensalza befanden sich große Waidmärkte, die von Waidmühlen beliefert wurden. Noch im Jahre 1616 wurde ein Waidumsatz im Werte von 8 Millionen Mark erzielt. 13 Jahre später bauten nur noch 30 Dörfer in Thüringen Waid an; die Einfuhr des Indigos ließ sich nicht länger verbieten, obwohl erst 1577 durch eine Frankfurter Reichspolizeiverordnung ein solches Verbot ergangen war. Denn seit 1500 kam der indische Farbstoff über Italien nach Deutschland. Der deutsche Waid kam in Bündeln der getrockneten Pflanzen, aber auch in kleinen, rundlichen Kegeln, Waidkugeln oder Blaukörner genannt, in den Handel, die Waidkugeln entstanden in der Waidmühle durch das Zermahlen der Waidblätter, die einer Gärung ausgesetzt waren und dann zu Kegelleiben zusammengeknetet wurden."

Schließlich ging man in den Tropen zum Plantagenbau über: Das Monopol lag in den Händen der Kolonialherren. Um 1900 führte Deutschland allein rund 1000 Tonnen Indigo ein, was einem Warenwert von über acht Millionen Mark entsprach. Doch zu dieser Zeit war das Todesurteil für das Naturprodukt bereits gesprochen ...

Krapp

Ein ganz anderes Rot als Purpur ist das Rot der Krapp-Pflanze. Auch diesen Farbstoff kannten schon die alten Ägypter, und die Griechen, Römer, Inder und Perser haben frühzeitig die Methoden der Anwendung verfeinert und vervollkommnet. Auf Cypern und in Kleinasien hat man besonders viel Erfahrungen gesammelt. Der Botaniker nennt die Pflanze *Rubia tinctorum*, was im Deutschen mit Färberröte übersetzt wird. Die meisten Gattungen der Familie sind in den Tropen heimisch, in Deutschland kennt man als Verwandte den Waldmeister und das Labkraut. Die Levantiner nannten die Krapp-Pflanze „Al izari", und diese Bezeichnung hat sich später in dem Namen Alizarin erhalten. Allerdings heißt Alizarin heute der Farbstoff, nicht die „Lieferantin", die Pflanze.

In den Wurzeln findet sich zu ein bis zwei Prozent die Farbsubstanz, die auf sehr umständliche Weise auf die Faser übertragen werden kann. Schon im Altertum wußte man, daß eine Vorbehandlung der Gewebe mit bestimmten Metallsalzen erfolgen muß. Dies allein genügt aber nicht, um eine Verbindung zwischen Textilien und Farbstoff herzustellen. Nur um zu zeigen, wie mannigfaltig die Methoden einer Färbung sein können, werden hier einige „Rezepte" angeführt, die für den Beizenfarbstoff Alizarin typisch sind.

Zur Färbung von Baumwolle gibt es zum Beispiel zwei Verfahren. Das sogenannte „Altrotverfahren" tränkt das Gewebe zunächst mit ranzigem Olivenöl, in dem Kaliumcarbonat (Pottasche) in wäßriger Lösung aufgeschwemmt ist. Die mit der Emulsion getränkte Baumwolle trocknet man und taucht sie dann in eine Metallsalzlösung. Meist verwendet man hierfür Aluminiumsulfat. Dann versetzt man die Flüssigkeit mit Schlämmkreide. Chemisch kommt dies einer Neutralisierung der im ranzigen Öl vorhandenen Ölsäure gleich. Erst jetzt ist die Baumwolle vorschriftsmäßig gebeizt, aber natürlich noch keineswegs ge-

färbt. Man muß sie erst noch längere Zeit mit Wasser kochen, das Alizarin fein verteilt enthält. Alizarin löst sich im Wasser nur sehr schwer, aber die geringen Mengen genügen immerhin, mit der Beize einen fest haftenden Farblack zu bilden. Wir haben das Grundsätzliche bei der Behandlung der Beizenfarbstoffe erläutert. Die Aluminiumatome des Aluminiumsulfats binden die Alizarinmoleküle an die Faser. Es entsteht ein sehr schönes, kräftiges Rot. Da die Türken ihre Kopfbedeckung, den Fez, damit färbten, spricht man noch heute von Türkischrot.
Das „Neurotverfahren“ benutzt nicht Olivenöl, sondern sulfoniertes (mit Schwefelsäure behandeltes) Rizinusöl zur Vorbehandlung. Dieses sogenannte Türkischrotöl hatte früher große Bedeutung. Verwendet man nicht Aluminiumsalze zur Beize, sondern Eisenverbindungen, so fällt die Färbung anders aus, nämlich violett. Chromsalze ergeben braunviolette Tönungen. So ist dafür gesorgt, daß das Alizarin eine ganze Palette von Farbnuancen liefert.
Bei Wolle und Seide fällt die Vorbehandlung weg; man braucht nur die Metallsalze für die Präparation. Aber trotz allem bleibt eine Alizarinfärbung noch immer eine sehr umständliche und zeitraubende Prozedur. Man hat früher für eine gute Färbung fünf bis acht Tage gebraucht. Das Ergebnis war freilich auch sehr erfreulich: Der Stoff behielt sein Rot beim Waschen und unter Lichteinfluß. Die Tatsache, daß das Alizarin nur auf gebeizten Flächen haftete, hat man sich zunutze gemacht, indem man nur bestimmte Teile des Gewebes vorbehandelte. Beim Färben ergaben sich dann schöne Ornamente und Muster.
Die „Färberröte“ *Rubia tinctorum* wurde im 16. Jahrhundert in Europa eingeführt und auf großen Flächen angebaut. Dadurch verlor der Vordere Orient seinen Einfluß auf dem Markt. Die neuen Produktionsgebiete lagen vor allem in Frankreich, im Elsaß, in Holland, auch im westlichen Deutschland. Um eine Vorstellung vom Ausmaß des Anbaues zu vermitteln, seien einige Zahlen genannt. Mitte des 19. Jahrhunderts verbrauchte man auf der Welt jährlich etwa 50 000 Tonnen Krappwurzeln. Rechnet man mit einem Gehalt an Alizarin von ein bis zwei Prozent, so waren das immerhin 500 bis 1000 Tonnen reiner Farbstoff! Im Jahre 1868 lag der Umsatz an Alizarin bei rund 60 Millionen Mark – aber gerade in diesem Jahr sollte die Chemie einen grundlegenden Wandel einleiten.

Die Chemie greift ein

Zu Beginn des 19. Jahrhunderts befand sich die Chemie in einem Stadium des Umbruchs. Die Zeit des mittelalterlichen „Laborierens“, des systemlosen Suchens nach neuen Stoffen, wich allmählich der planvollen Forschung. Nur so ist es zu verstehen, daß um 1800 noch alchimistische Vorstellungen wucherten, sich andererseits aber bereits moderne Gedankengänge durchzusetzen begannen. Für die beiden Extreme seien einige Beispiele genannt.

Noch 1799 sagte ein Professor mit Namen GIRTANNER allen Ernstes der Goldmacherei eine große Zukunft voraus: „Im 19. Jahrhundert wird die Verwandlung der Metalle allgemein ausgeführt werden. Jeder Chemiker wird Gold machen. Das Küchengeschirr wird von Gold und Silber sein. Das wird am meisten dazu beitragen, uns vor mancher Krankheit zu bewahren und unser Leben zu verlängern. Welch eine Revolution in der menschlichen Gesellschaft, und dennoch ist diese Revolution, wie jeder aufgeklärte Chemiker zugeben wird, nicht nur wahrscheinlich, sondern auch kurz bevorstehend.“ In einer Geschichte der Chemie, die in dieser Zeit erschien, wird von Goldmachern berichtet: „Es gibt indes noch Alchimisten; in Thüringen und Hannover opfern noch einzelne Familien der Goldmacherkunst ihre Kräfte und ihr Vermögen.“

Eine moderne Arbeitsweise kam zuerst in Frankreich auf. Dort führt LAVOISIER die Waage als Arbeitsgerät im Labor ein und betonte die Wichtigkeit der quantitativen, wägenden Beobachtung. Er hat als erster die Rolle des Sauerstoffs bei der Verbrennung erkannt. LAVOISIER starb in der Französischen Revolution 1794 unter dem Fallbeil. Paris wurde bald zur Hochburg der Chemie. Hier wirkten THÉNARD, DULONG, GAY-LUSSAC und andere bedeutende Männer. Sie hatten erkannt, was man in Deutschland noch nicht wahrhaben wollte: Das Experiment ist die Grundlage der Naturwissenschaft. Bei uns herrschte nach wie vor die Naturphilosophie, die die Erscheinungen durch reines Denken miteinander in Beziehung setzen wollte. An den deutschen Universitäten war das Fach Chemie nur ein Teil der philosophischen Fakultät und wurde meist theoretisch ohne Experimente gelehrt. Der bekannte Erlanger Professor SCHELLING erklärte zum Beispiel das Wasser als „das fürnehmste der Dinge, von dem alle Produktivität ausgeht und in das sie zurückläuft. Von der Schwere als dem Prinzip der Verendlichung kommt ihm die Tropfbarkeit, von dem Lichtwesen, daß auch in ihm der Teil wie das Ganze ist.“

JUSTUS LIEBIG war einer der ersten, die in Deutschland die moderne Chemie einführten. LIEBIG hatte in Paris studiert und übertrug die exakten Arbeitsmethoden an die Universität Gießen, wo er ab 1824 lehrte.

LIEBIG gilt mit Recht als der Schöpfer der organischen Chemie im vorigen Jahrhundert. Wenn er auch auf dem Gebiet der Farbstoffsynthese nicht selbst gearbeitet hat, so sind doch zahlreiche Farbstoffchemiker aus seiner Schule hervorgegangen, und deshalb gehört sein Name in die Reihe der Großen. Wir werden sehen, wie eng die Erfindung von Farbstoffen mit dem Experiment gekoppelt ist.

Das geheimnisvolle Anilin

Im Jahre 1826 hatte sich ein junger Apotheker in dem Dorf Dahme (Mark) ein kleines Laboratorium eingerichtet. PAUL UNVERDORBEN war zwanzig Jahre alt, als er daranging, die verschiedensten Stoffe zu untersuchen. Das Zeitalter des systematischen Experimentierens hatte begonnen, und so unterwarf UNVERDORBEN der Reihe nach Naturstoffe einem Verfahren, das wir heute trockene Destillation nennen: Er erhitzte die Substanzen in einem geschlossenen Behälter unter Luftabschluß. Holz zersetzte sich zum Beispiel in Schwelgase und eine klebrige, schwarze Masse. Eines Tages wählte er ein Stück des blauen Indigofarbstoffs für seine Versuche aus. Bei der trockenen Destillation erhielt er eine eigentümlich riechende Flüssigkeit, die bei Zusatz von Säure sehr gut kristallisierte. UNVERDORBEN nannte die unbekannte Substanz daher „Krystallin".

Derselbe Stoff, der später für die Farbstoffgewinnung so wichtig werden sollte, wurde noch mehrmals im Laboratorium gefunden. Die jeweiligen Entdecker wußten nichts voneinander, ja ahnten nicht einmal die Identität der Substanzen. Das zeigt, wie weit verzweigt die Wurzeln der modernen Farbchemie in die Chemie des 19. Jahrhunderts zurückgingen.

Im Jahre 1819 besuchte der 24jährige Chemiker FRIEDLIEB FERDINAND RUNGE den großen GOETHE. Einige gelungene Arbeiten hatten die Aufmerksamkeit des Dichterfürsten erregt. Zum Abschied schenkte GOETHE dem jungen Mann ein paar Kaffeebohnen mit dem Hinweis, darin gebe es sicherlich manches zu finden. Kaffee war damals noch ein Luxusartikel. RUNGE fand kurz darauf das Coffein.

Das experimentelle Geschick RUNGES wandte sich bald einer Substanz zu, die zu Beginn des vorigen Jahrhunderts immer mehr an Bedeutung gewann. Der Aufschwung der Industrie in England hatte die Steinkohle zu einem wichtigen Rohprodukt gemacht. Man hatte gelernt, daß bei der trockenen Destillation brennbare Gase entstanden, die sich hervorragend zu Beleuchtungszwecken eigneten. London, Berlin und andere Städte führten die Gasbeleuchtung ein. Immer größere Mengen von Steinkohle wurden umgesetzt. Mit der Zunahme der Gasproduktion nahm aber auch der „Abfall" zu, nämlich eine braunschwarze, klebrige, übelriechende Masse, der Steinkohlenteer. Zunächst wußte man mit diesem lästigen Nebenprodukt nichts anzufangen, leitete es in Gruben und schüttete diese nach einiger Zeit zu. FRIEDLIEB FERDINAND RUNGE war es, der sich die Frage stellte, ob man den Teer nicht nützlicher verwenden könne. Der begabte Chemiker hatte 1832 eine Stelle in Oranienburg bei Berlin angenommen, und in der Nähe der Fabrik produzierten die Berliner Gaswerke eine Menge Steinkohlenteer. RUNGE ließ sich Proben kommen und experimentierte

damit. Bei der Zerlegung der zähen Masse stellte er fest, daß zwei Bestandteile zu trennen waren. Der eine Teil reagierte sauer und enthielt offenbar eine bisher unbekannte Verbindung. RUNGE nannte sie Karbolsäure, da sie aus der Kohle (lateinisch: carbo) stammte. Noch heute ist sie unter dem Namen Phenol wichtig. Der andere Bestandteil des Teers zeigte alkalische Reaktion. RUNGE isolierte daraus verschiedene Verbindungen. Eine von ihnen ergab mit Chlorkalk eine blauviolette Färbung. Er nannte sie nach dem griechischen Wort für blau (kyanos) „Kyanol". Das war 1834. RUNGE wußte nicht, daß PAUL UNVERDORBEN ganz in der Nähe von Oranienburg schon acht Jahre früher den gleichen Stoff in Händen gehalten und „Krystallin" getauft hatte!
Die Fabrik, an der RUNGE tätig war, zeigte kein weiteres Interesse an dem leidigen Steinkohlenteer, und so blieben die Untersuchungen weitgehend unbekannt. Erst 1841 wurde man wieder darauf aufmerksam, als gleich zweimal derselbe Stoff wiederentdeckt wurde: Der Russe NIKOLAUS ZININ nannte ihn „Benzidam", und der deutsche Chemiker FRITZSCHE gab ihm den Namen, unter dem er noch heute in aller Welt bekannt ist, Anilin. FRITZSCHEs Herstellungsverfahren erinnert stark an die von UNVERDORBEN verwendete Methode: Destillation von Indigo mit Kalilauge. Anilin leitet sich von dem portugiesischen Wort für Indigo „anil" ab.
1841 konnte noch niemand ahnen, daß diese farblose Flüssigkeit, die sich hinter den Bezeichnungen „Krystallin", „Kyanol", „Benzidam" und „Anilin" verbarg, zum Ausgangspunkt einer neuen Chemie werden sollte, der Chemie der Anilinfarben. Die blauvioletten Färbungen, die RUNGE erhalten hatte, waren in keiner Weise sensationell gewesen und hatten eigentlich mehr dem Nachweis des neuen Stoffes gedient. Die große Zeit des Steinkohlenteers war noch nicht gekommen.

Teer wird farbig

Kehren wir nun noch einmal in das Laboratorium von Professor LIEBIG in Gießen zurück. Im Jahre 1841 stand das Institut ganz im Zeichen einer epochemachenden Entdeckung: LIEBIG hatte das Prinzip der künstlichen Düngung gefunden. Die Arbeit an der Ausgestaltung der Verfahren nahm ihn so sehr in Anspruch, daß er andere Entwicklungen in der Chemie nur am Rande verfolgen konnte. Um auf dem laufenden zu bleiben, hatte LIEBIG eine besondere Methode entwickelt: Er beschäftigte seine Assistenten mit den einzelnen Problemen und ließ sich Bericht erstatten. Einer von LIEBIGs Schülern hatte kurz vorher in Offenbach bei Frankfurt die Leitung einer Steinkohlenteerdestillation übernommen und schickte seinem Lehrer nach Gießen eine Probe Steinkohlenteer. Die „Agrikulturchemie" ließ dem Professor aber keine Zeit für eine Untersuchung, und so beauftragte er seinen damals 23jährigen Assistenten August Wilhelm Hofmann mit der Arbeit. Hofmann fand im alkalischen Bestandteil der Probe – ebenso wie Runge – die farblose Flüssigkeit „Kyanol“ – aber er war der erste, der feststellte, daß „Krystallin“, „Kyanol“, „Benzidam“ und „Anilin“ miteinander identisch sind! Damit mündeten die Arbeiten von Unverdorben, Runge, Fritzsche und Zinin in die Untersuchungen Hofmanns ein. Der junge Assistent fuhr selbst nach Offenbach und isolierte an Ort und Stelle ein Kilogramm Anilin aus dem Steinkohlenteer. Hofmann erkannte, daß dieser Stoff eine Schlüsselstellung für weitere Arbeiten einnehmen würde, und studierte die Eigenschaften des Anilins gründlich. Der Russe Zinin hatte Anilin durch Reduktion von Nitrobenzol erhalten. Hofmann fand, daß das Benzol selbst bei der Steinkohlendestillation entsteht und daß man daraus Anilin herstellen kann:

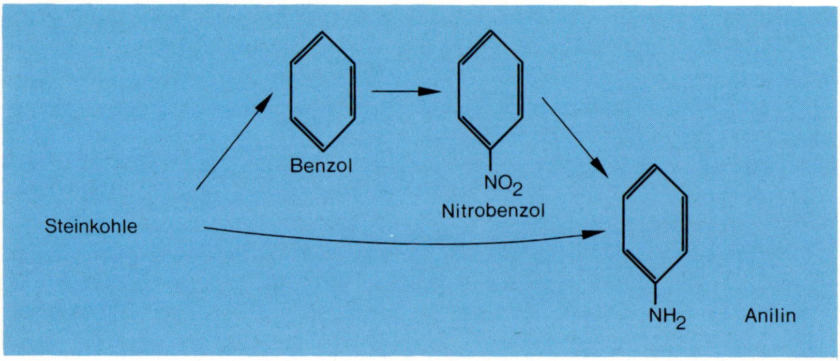

Die Arbeiten am Anilin hatten dem jungen August Wilhelm Hofmann fachliche Anerkennung gebracht. Seine Lehrjahre bei Liebig waren vorüber, und die Universität Bonn hatte den erfolgreichen Chemiker als Privatdozenten an den Rhein geholt. Hofmann bewohnte dort die gleichen Zimmer, die der Prinzgemahl der Königin von England bezogen hatte, als er in Bonn studierte. 1845 feierte man das Beethovenjahr, und der Zufall wollte es, daß die englische Königin bei ihrem offiziellen Besuch die alte Wohnung ihres Gatten zu sehen wünschte. Hofmann mag ob dieser Ehre sehr erstaunt gewesen sein. Noch größer aber war das Erstaunen der königlichen Besucherin, in den Räumen ein ausgedehntes Laboratorium vorzufinden. Für den jungen Dozenten ergab sich die einmalige Gelegenheit, hochgestellten Persönlichkeiten von seiner Arbeit zu berichten. Hofmann muß einen so guten Eindruck hinterlassen haben, daß die Königin ihn alsbald einlud, die Leitung des damals

gerade erst gegründeten Royal College of Chemistry in London zu übernehmen. HOFMANN nahm den Ruf an und siedelte nach England über.
Zunächst mag es scheinen, als sei diese „Abwerbung“ der Entwicklung der deutschen Chemie abträglich gewesen. In Wirklichkeit bot jedoch die Tätigkeit in England AUGUST WILHELM HOFMANN die Möglichkeit, sich freier zu entfalten, als dies in Deutschland zunächst möglich gewesen wäre. Das Bekanntwerden mit einer voll entwickelten Industrie, wie sie damals bereits in England bestand, hat für das weitere Schaffen HOFMANNs Vorteile gebracht. Nach seiner Rückkehr in die Heimat konnte der nun schon berühmte Chemiker die Chemie und das chemische Studium weitgehend reorganisieren.
Vielleicht hätte auch die Farbenchemie ganz andere Wege beschritten, wenn HOFMANN dem Ruf nach England nicht gefolgt wäre. In London nämlich traf er einen jungen Mann, der sich als ein begabter Experimentator und zugleich als ein organisatorisches Talent herausstellte. HENRY WILLIAM PERKIN war sein Name, Assistent in HOFMANNs Laboratorium.
Bisher war viel vom Anilin, aber nur wenig von wirklichen Farbstoffen die Rede. Mit dem Jahre 1856 sollte sich das ändern. Der damals 18jährige PERKIN hatte von HOFMANN den Auftrag erhalten, eine Chininsynthese zu versuchen. Chinin war damals als Fiebermittel sehr begehrt. Wir wissen heute, daß die chemische Struktur dieser Substanz recht kompliziert ist und eine Synthese auf einfachem Wege nicht gelingen kann. Anilin sollte auf seine Verwendbarkeit geprüft werden, und so oxidierte PERKIN die Flüssigkeit in der Hoffnung, daraus Chinin zu erhalten. Die Versuche schlugen fehl. Durch das Oxidationsmittel Dichromat erhielt PERKIN lediglich braunviolette, schmierige Niederschläge. Der junge Mann gab sich damit aber nicht zufrieden. Er untersuchte die entstandene Masse genauer, stellte Auszüge her und fand zu seinem Erstaunen, daß man mit ihnen Seide und Baumwolle wunderschön violett färben konnte! Der erste wirklich brauchbare Anilinfarbstoff war entdeckt!
PERKIN hatte von seinen Experimenten niemanden unterrichtet. Auch sein Lehrer AUGUST WILHELM HOFMANN wußte zunächst nichts davon. Heimlich stellte PERKIN etwa 100 Gramm des neuen Farbstoffs her und meldete das Verfahren – geschäftstüchtig – als Patent an. Erst als ihm der Patentanspruch zugesprochen wurde, informierte er HOFMANN. Über die Reaktion HOFMANNs ist nichts bekannt, aber wir wissen, daß er die Bedeutung der Entdeckung sofort erkannte. Das Royal College of Chemistry wird zum ersten Forschungsinstitut für Anilinfarben. PERKIN betätigt sich inzwischen als Manager. Sein Vater, ein Bauunternehmer, steckt sein ganzes Vermögen in eine Fabrik, die nach den Angaben des Sohnes „Anilinpurpur“ herstellen soll. Die Verfahren bewähren sich, doch niemand will den neuen Farbstoff haben!

In England bleibt man konservativ. PERKIN reist nach Frankreich und bietet sein Produkt in den Zentren der Seidenfabrikation, in Lyon, an. Er überzeugt die Pariser Modefürsten von der Schönheit des neuen Farbstoffs. „Anilinpurpur" wechselt seinen Namen. Die zarte Farbe der Malven deutet das Wort Mauvein an, und tatsächlich wird „mauve" (malvenfarben) die Mode der Saison. PERKIN hat das Rennen gewonnen. Jetzt reißt man sich um sein Mauvein – und er hat das Patent für die Herstellung!
Mauvein ist der erste künstliche Farbstoff, der sich über das Anilin vom Steinkohlenteer ableitet.
Nun schießen Anilinfarben wie Pilze aus dem Boden. Eine Art „Goldrausch" bemächtigt sich der chemischen Laboratorien. Man hat meist kein System, fällt zum Teil wieder in die Praxis der Alchimie zurück, verschiedene Substanzen beliebig miteinander zu mischen und auf Erfolg zu warten. Dies ist aus der Unkenntnis der chemischen Formeln heraus verständlich. 1856 ist die Vierwertigkeit des Kohlenstoffs noch nicht erwiesen, der Benzolring existiert noch nicht in den Lehrbüchern. Strukturformeln sind weitgehend unbekannt. Unter solchen Umständen dominiert das planlose Experiment.
AUGUST WILHELM HOFMANN geht systematisch vor. Ihm liegt geschäftlicher Gewinn fern. Die Farbstoffe, die er in den folgenden Jahren entdeckt, läßt er sich nicht schützen. Ihre Herstellung beschreibt er bis in die Einzelheiten, so daß sie jeder Fabrikant produzieren kann. So werden Rosanilin und Hofmanns Violett zu großen Markterfolgen. Rosanilin (oder Fuchsin) wird anfangs ebenso wie das Mauvein zu phantastischen Preisen gehandelt. Für ein Kilogramm Fuchsin zahlt man im ersten Jahr 1500 Mark, für die gleiche Menge Mauvein kann PERKIN sogar 2000 Mark verlangen. Aber die Konkurrenz wächst, und so normalisieren sich Angebot und Nachfrage.

Das Labor triumphiert

Die verschiedensten Farbtöne fließen alsbald aus der Retorte der Chemiker: Rot, Gelb, Violett, Schwarz, Orange, Grün – nur ein leuchtendes Blau mit guten Echtheitseigenschaften fehlt noch. Hier ist der natürliche Indigo in jeder Hinsicht überlegen. Nach vielen Experimenten zieht man den Schluß: Wenn es nicht möglich ist, einen neuen blauen Farbstoff zu schaffen, dann wollen wir den Indigo, den die Natur uns liefert, selbst herstellen! Ein kühnes Programm, denn zur damaligen Zeit kennt man noch nicht einmal die chemische Formel des Farbstoffs, weiß nichts von Indican oder Indoxyl.
ADOLF VON BAEYER nimmt sich dieser Aufgabe an. Teile des Moleküls werden identifiziert, aber die „Gesamtkonstruktion" entzieht sich noch viele Jahre der Erforschung. 1878 gelingt ADOLF VON BAEYER die erste Synthese des Natur-

stoffes. Es scheint, als habe das Laboratorium bereits gesiegt. Aber so leicht gibt sich der Indigo nicht geschlagen. Die beiden großen Firmen Farbwerke Hoechst und Badische Anilin- und Sodafabrik Ludwigshafen erwerben zwar sofort das Patent für die Herstellung und schicken sich an, die Produktion in großem Maßstab aufzunehmen, doch in der Praxis zeigen sich Schwierigkeiten. Gewiß, das Verfahren ist anwendbar, aber die Rohstoffe, die benötigt werden, erweisen sich als zu teuer. ADOLF VON BAEYER möchte von der Zimtsäure ausgehen, einer im Laboratorium durchaus gängigen Verbindung. Soll die Substanz aber in der Größenordnung von Tonnen beschafft werden, so wird der Indigo zu kostspielig. Die Chemiker der Badischen Anilin- und Sodafabrik stellen 1882 fest: So können wir dem Naturprodukt aus Indien nicht beikommen.

Die Suche nach preisgünstigeren Synthesen beginnt. Dieses Kapitel der Farbstoffchemie ist besonders geeignet, die enge Verflechtung mit anderen Gebieten zu zeigen. BAEYER selbst findet 1882 eine neue Synthese des Indigos. Hierbei geht er vom Toluol aus, einem Abkömmling des Benzols von der Formel $C_6H_5-CH_3$. Toluol ist eine farblose Flüssigkeit von „aromatischem" Geruch, die sich aus Steinkohlenteer gewinnen läßt. Sie ist jedoch darin nur in geringen Mengen vorhanden. Verarbeitet man mehr Teer, so fallen mehr Nebenprodukte an, die sich nicht verkaufen lassen. Eines dieser Nebenprodukte ist Benzol. Wenige Jahrzehnte später reißt sich die Welt um Benzol als Motortreibstoff. 1882 aber hat der Siegeszug des Automobils noch nicht begonnen. Benzol ist lästig, unverkäuflich. Also kann man auch Toluol für die Indigosynthese nicht in größeren Mengen produzieren. Das Verfahren bleibt im Laboratorium stecken.

Weitere Synthesen werden gesucht und gefunden. Andere Naturfarbstoffe hat die Teerchemie inzwischen aus dem Feld geschlagen und durch künstliche Substanzen ersetzt, die leuchtender, lichtechter und vor allem billiger sind. Nur am Indigo scheint die Chemie zu scheitern. Die Farbwerke Hoechst investieren fünf Millionen Mark in die Forschung – für die damalige Zeit eine ungeheure Summe. In Ludwigshafen steht man an der Grenze der finanziellen Leistungsfähigkeit. Die Badische Anilin- und Sodafabrik hat alles auf eine Karte gesetzt, auf die Karte Indigo: 18 Millionen Mark werden dafür ausgegeben. Da endlich gelingt den beiden Firmen der entscheidende Wurf. Unabhängig voneinander stoßen sie auf Verfahren, die so billige Ausgangsstoffe benötigen, daß der Kampf mit dem Naturprodukt aufgenommen werden kann.

1897 kommt der erste künstliche Farbstoff Indigo auf den Markt. In diesem Jahr kostet Naturindigo im Handel je Kilogramm 18 bis 20 Mark. Die deutschen Firmen bieten den synthetischen Farbstoff für 16 Mark je Kilogramm an. Die Plantagenbesitzer auf Java und in Britisch-Indien werden nervös. Sie

wehren sich und senken die Preise. Noch haben sie eine beachtliche Verdienstspanne in der Kalkulation, da ihnen ja keine Konkurrenz die Preise diktierte. Jetzt ändert sich die Situation. Der Naturindigo wird billiger. Die Chemiker in Hoechst und Ludwigshafen halten mit, senken die Preise ebenfalls. Und sie haben den längeren Atem: Schon 1900 führt Deutschland keinen Naturindigo mehr ein! Der Weltmarkt ist ruiniert. Die Plantagen werden zum größten Teil in Ackerland verwandelt. Wieder wird Indigo ausgeführt, aber dieses Mal aus dem Erzeugerland in Europa: 1913 exportiert Deutschland mehr als 33 000 Tonnen synthetischen Indigo im Wert von 54 Millionen Mark in alle jene Länder, die vorher Kunden der Plantagenbesitzer gewesen waren.
Am Indigo konnte die Chemie zeigen, daß es ihr nicht nur möglich war, neue Farbstoffe zu erfinden, sondern daß sie auch vorhandene Produkte exakt zu imitieren vermochte. Nun, da sie den Triumph gefeiert hatte, begann sie, ihre Stellung auszubauen. Das Molekül des Indigos ließ sich chemisch abwandeln, und man erhielt dabei zum Teil noch bessere, noch echtere Farben.
An dieser Stelle gedachte die Chemie noch einmal eines Farbstoffes, der in der Färbetechnik längst in Vergessenheit geraten war: des antiken Purpurs. Angesichts der Fülle leuchtender Synthesefarben würden wir vielleicht auf den rotvioletten Streifen an der Tunica eines römischen Senators nur einen geringschätzigen Blick werfen. Und doch erinnerte sich ein deutscher Wissenschaftler im Jahre 1908 des Purpurs der Phönizier. Der Name dieses Chemikers war PAUL FRIEDLÄNDER, Professor in Darmstadt. Bei den Händlern in der Markthalle von Triest mag er ungläubiges Staunen hervorgerufen haben, als er nicht weniger als 12 000 Purpurschnecken aufkaufte – nicht um sie zu essen, wie das die Italiener tun, sondern um sie in geheimnisvoller Weise zu verarbeiten. FRIEDLÄNDER folgte den antiken Rezepten und gewann aus den 12 000 Schnecken 1,4 Gramm reinen Purpurstoff! Die chemische Analyse entzauberte ein jahrtausendealtes Symbol. Was die Phönizier am Strand von Sidon und Tyros hergestellt, was römische Färber von Generation zu Generation weitergereicht hatten, war in

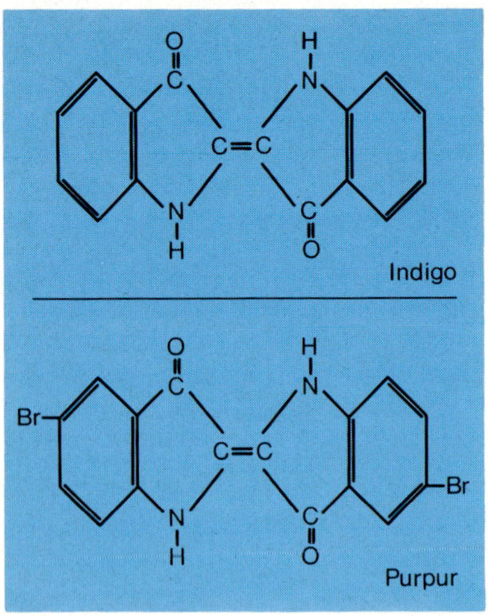

Bild 20. Formeln von Indigo und Purpur (6,6'-Dibromindigo)

Bild 21. Formeln von Anthracen, Anthrachinon und Alizarin

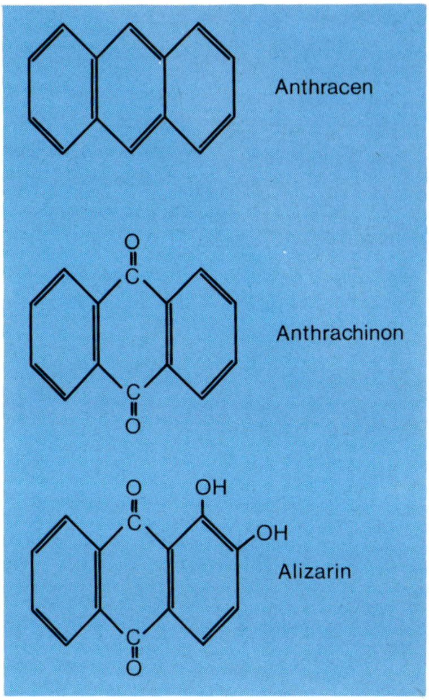

der Sprache des Chemikers ein banales Wort: 6,6′-Dibromindigo (gesprochen: sechs-sechs-Strich-Dibromindigo).
FRIEDLÄNDER war es, der damit den magischen Ring schloß und den roten Purpur noch einmal mit dem blauen Indigo in Beziehung setzte: Beide Farbstoffe leiten sich in der Formelsprache der Chemiker vom gleichen molekularen Grundgerüst ab. Was niemand geahnt hatte, trat ein: Die Schnecke bedient sich bei ihrer Purpurbereitung derselben biochemischen Substanz wie die Pflanze bei der Herstellung des Indigofarbstoffes.
Es wäre der Chemie nun ein leichtes gewesen, echten Purpur in beliebigen Mengen synthetisch herzustellen. Sie produzierte ja auch Indigo großtechnisch. Aber niemand wollte die Farbe der Kaiser mehr tragen! Ein violettstichiges Rot, ein blasses Lila – so würde man heute den Eindruck zusammenfassen. Wir sind zu verwöhnt ...

Krapp hat ausgedient

Der synthetische Indigo hat den Anbau der Indigopflanze in den Tropen überflüssig gemacht. Schon vor dieser Umwälzung war der Einfluß der Chemie in Europa selbst deutlich geworden. Hier hatte die Wurzel der Krapp-Pflanze seit dem 16. Jahrhundert den roten Farbstoff geliefert, den man in großen Mengen benötigte.
Die Erzeugung des Mauveins im Jahre 1856 ließ alle Laboratorien der Farbstoffchemie auf die Suche nach neuen Synthesen gehen. Sollte vielleicht auch das Alizarin der Krapp-Wurzeln zugänglich sein? Zwei Schüler ADOLF VON BAEYERS, CARL GRAEBE und CARL LIEBERMANN, gingen 1867 in der Gewerbe-Akademie in Berlin an die Aufgabe heran. Die beiden Chemieassistenten stellten fest, daß Alizarin mit dem Kohlenwasserstoff Anthracen verwandt

sein müsse, der erst kürzlich im Steinkohlenteer entdeckt worden war. Mehr intuitiv als sachlich begründet, sahen sie das Molekül des sogenannten Anthrachinons als Grundkörper an – und tatsächlich konnte GRAEBE schon 1868 die Formel des Alizarins aufstellen! Damals wie heute war es eine große Ehre, vor der Deutschen Chemischen Gesellschaft, die AUGUST WILHELM HOFMANN nach seiner Rückkehr aus England gegründet hatte, eigene Forschungsergebnisse vortragen zu dürfen. GRAEBE gab dort sofort nach Abschluß seiner Arbeiten die Formel des Alizarins bekannt. Bald merkte er jedoch, daß er damit einen Vorsprung aufgegeben hatte, der ihm zweifellos nützlich gewesen wäre. Noch war ja die Synthese des Alizarins nicht gelungen, und erst nach Erreichen dieses Zieles konnte man an einen finanziellen Erfolg denken.
Mit doppeltem Eifer ging GRAEBE die neue Aufgabe an. Nach einigen Monaten zeigte sich eine Möglichkeit, doch überstiegen die Kosten und der Aufwand für Apparaturen die Leistungsfähigkeit des Berliner Instituts. 1869 lagen zwar die ersten Farbproben synthetischen Alizarins vor, aber man brauchte einen Geldgeber und vor allem ein Werk, das Erfahrung auf dem Gebiet der technischen Chemie besaß. GRAEBE und LIEBERMANN wandten sich an die Badische Anilin- und Sodafabrik, und dort erkannte man die Bedeutung der Arbeiten sofort. Man kam gut voran, und nun begann ein zermürbendes Wettrennen zwischen der deutschen Forschungsgruppe in Ludwigshafen und dem Chemikerteam um HENRY WILLIAM PERKIN, den Entdecker des Mauveins, in London. Jeder wußte: Es würde entscheidend darauf ankommen, wer zuerst den Patentschutz in England erhielt, denn Englands Fabriken verarbeiteten die größten Mengen des Naturalizarins, das in Frankreich und anderen Teilen Europas erzeugt wurde. Am 25. Juni 1869 meldete GRAEBE in London das Patent an – am 26. Juni 1869 kam Perkins Patentanspruch! Er war ganz ähnlich vorgegangen und zum gleichen Ergebnis gekommen. Um Streitigkeiten zu vermeiden, einigte man sich zwischen PERKIN und Ludwigshafen auf eine Teilung des Marktes. Die Badische Anilin- und Sodafabrik mußte damals behutsam vorgehen, denn das Unternehmen war ja erst 1865 gegründet worden und hatte auf dem Weltmarkt noch nicht Fuß fassen können.
In Deutschland entwickelte sich der Patentschutz für die Alizarinerzeugung wesentlich ungünstiger als in England. Andere Fabriken konnten das Verfahren übernehmen, und so kam es zu einem harten Wettbewerb, der die Preise alsbald stark senkte. Das war einer der Gründe, warum der Anbau von Krapp-Pflanzen sehr schnell zum Erliegen kam.
1871 wurden erstmals 15 000 Kilogramm Alizarin fabrikmäßig hergestellt. Das war wenig im Vergleich zu dem, was die Felder in Frankreich, Holland, Deutschland und Italien auf den Markt warfen. Die Qualität aber war ausgezeichnet, und die Färbereien zeigten sich begeistert. 1877 überflügelte die

Erzeugung von synthetischem Alizarin bereits die Produktion des Naturprodukts. Als Folge des harten Wettbewerbs sanken die Preise rapid: Ein Kilogramm des reinen Synthese-Alizarins kostete 1870 rund 270 Mark, 1877 noch 40 Mark, 1886 jedoch nur noch 9 Mark. Unter diesen Bedingungen konnten die Krapp-Bauern nicht mehr konkurrieren. Sie mußten, um überhaupt noch einen Profit zu erzielen, das Kilogramm Rein-Alizarin für mindestens 60 Mark verkaufen. Innerhalb weniger Jahre suchte man vergeblich nach Krapp-Feldern, und die Bauern stellten sich auf andere landwirtschaftliche Produkte um. Der Versuch, den Anbau in Frankreich staatlich zu stützen, mißlang völlig. Weder Subventionen noch Großeinkäufe der Regierung für das Rotfärben der französischen Uniformhosen vermochten das Schicksal abzuwenden. Die Chemie hatte auch hier gesiegt.

Tausend neue Farben

Die „großen Favoriten“ unter den Naturfarben haben die Waffen strecken müssen. Sie sind entweder im Laboratorium synthetisiert oder durch noch bessere künstliche Farbstoffe ersetzt worden. Man kann sich heute kaum eine Vorstellung davon machen, welche Bedeutung die Farbenchemie um die Jahrhundertwende besaß. Fabriken schossen wie die Pilze aus dem Boden, produzierten nach Lizenz oder versuchten, durch eigene Ideen sich einen Marktanteil zu sichern. Die meisten von ihnen hatten keine Chance im Wettbewerb und gingen schnell wieder ein. Schon damals nämlich existierten die ersten Firmenabsprachen, und das Prinzip der Aufgliederung von Absatzgebieten ist uns bereits bei PERKIN und GRAEBE begegnet.

Die Entwicklung immer neuer „Modefarben“ wäre noch vor hundertfünfzig Jahren undenkbar gewesen. Die Palette der Naturfarben war zu klein. Um 1900 dagegen konnte man bereits variieren: Nicht nur die Damen, sondern auch die Herren wurden farbenfreudiger. Die Mode hatte zwar stets gewechselt, aber jetzt nahm das Tempo derartiger Wandlungen rasch zu. Die „Farbe der Saison“ wurde meist in Paris ausgewählt – und manipuliert! Das fing bei PERKINs erster Anilinfarbe an; wir haben gesehen, daß erst eine intensive Werbung an den Zentren der eleganten Welt dem „Mauvein“ die Eroberung des Marktes sicherte. Ähnliche Einflüsse sind später immer wieder geltend gemacht worden, und auch heute hat sich daran nichts geändert. Im Gegenteil: Werkspione und Lenkung der Planung durch Absprachen oder Sanktionen blühen wie nie zuvor. Trösten wir uns damit, daß dadurch unser Alltag letztlich eben doch an Farbe gewinnt und bunter wird! Ein kleines Beispiel aus dem vorigen Jahrhundert mag zeigen, wieviel geschickte Propaganda vermag.

Einer der vielen neuen Farbstoffe, die vor 1900 kamen und wieder gingen,

war das Aldehydgrün. Der Chemiker EUGEN LUCIUS hatte die Substanz 1863 in technischem Maßstab herzustellen gelernt und wollte sie nun auf dem Markt einführen. EUGEN LUCIUS war es übrigens auch, der im gleichen Jahr zusammen mit den Geschäftspartnern MEISTER und BRÜNING eine Firma „Meister, Lucius und Brüning" in Frankfurt am Main ins Leben rief, die später unter dem Namen „Farbwerke Hoechst" in aller Welt bekanntwerden sollte. 1863 konnte noch niemand an einen solchen Aufstieg denken. Das Aldehydgrün war der erste „Schlager" der Firma oder sollte es zumindest werden. In einem besonderen Verfahren gelang es LUCIUS, das Aldehydgrün in Pastenform anzubieten. Man umging dadurch den umständlichen Transport in Lösungsform. Die Firma bot ihr Produkt zunächst einer großen Seidenfärberei in Lyon an. Dort erkannte man die Bedeutung des neuen Farbstoffs durchaus, ohne allerdings den Absatz kalkulieren zu können, denn Grün war keine Modefarbe. Die Seidenexperten gingen ein Risiko ein: Sie schlossen einen Exklusivvertrag mit der deutschen Lieferfirma ab und verpflichteten sich, ein Jahr lang so viel Aldehydgrün abzunehmen, wie produziert wurde.
Die bisherigen Grünfarben hatten einen wesentlichen Nachteil. Bei Tageslicht mochten sie noch so prächtig leuchten; am Abend im Schein der Gasbeleuchtung erschienen sie alle mehr oder weniger bläulich. Man hatte sich damit abgefunden – als das Aldehydgrün plötzlich einen Wandel schuf! Der Seidenfabrikant in Lyon hatte gute Beziehungen zum Pariser Hof und vermochte die Schneiderin Ihrer Majestät der Kaiserin für aldehydgrün gefärbte Seidenstoffe zu interessieren. Ein Abendkleid für den Besuch der Oper wurde angefertigt, und ganz Paris war fasziniert: Kaiserin Eugenie erstrahlte auch im künstlichen Licht der Gaslampen in leuchtendem Grün! Kein Wunder, daß in den Wochen danach Stoffe aus Lyon die große Mode wurden. So sorgte das diplomatische Geschick einer französischen Firma dafür, daß auch das Geschäft von „Meister, Lucius und Brüning" florierte!
Zwischen 1900 und 1914 dominierte die deutsche Farbenchemie in aller Welt. Kein anderes Land vermochte ernsthaft zu konkurrieren. Selbst das industriegewaltige England blieb auf dem Sektor der Farbstoffproduktion immer mehr zurück. Die Zusammenarbeit von wissenschaftlichen Laboratorien der Universitäten mit den chemischen Fabriken hatte sich bewährt: Die Übersetzung des Experiments in den großtechnischen Produktionsvorgang gelang hervorragend. In der Zeit bis Beginn des Ersten Weltkriegs konnte Deutschland rund 80 Prozent seiner Farbstoffe ausführen und deckte dadurch etwa Dreiviertel des gesamten Weltbedarfs! Welche Werte auf diese Weise geschaffen wurden, mag ein Vergleich zeigen: Seine Getreideeinfuhren konnte das Deutsche Reich vor 1914 ohne weiteres mit dem Erlös aus dem Verkauf von Teerfarbstoffen bezahlen. Der Beginn des Krieges brachte für beide Teile – Käu-

fer wie Verkäufer – die größten Schwierigkeiten. Deutschland litt unter einer enormen Überproduktion ohne entsprechende Absatzmärkte; die Abnehmer sahen sich gezwungen, in größter Eile eine eigene Farbstoffproduktion ins Leben zu rufen. Das gelang weitgehend. Die Folge dieser Entwicklung spürte die deutsche Farbstoffindustrie nach dem Krieg nur zu deutlich: Die Rückeroberung des Weltmarktes schlug fehl. Der Mangel an Kapital bedrohte Forschung und Produktion. Daher schlossen sich im Jahre 1925 die sechs führenden deutschen Farbstoffwerke zu einer Interessengemeinschaft zusammen: Die I.G.-Farben-Aktiengesellschaft wurde gegründet.
Wenn von tausend neuen Farben die Rede ist, dann kann man sich vorstellen, wie verschiedenartig der chemische Bau all dieser Stoffe sein muß. Eine Zusammenfassung zu größeren Gruppen ist zwar möglich, doch gibt es immer wieder Überschneidungen. Diese Gruppen hier aufzuzählen wäre nicht sinnvoll, denn wir wollen ja mit möglichst wenig Chemie auskommen. Zwei wichtige Namen sollen für viele andere stehen: Azofarbstoffe und Indanthrenfarbstoffe.
Die Chemie der Azofarbstoffe begann recht bescheiden. Am 24. April 1858 erschien in der wissenschaftlichen Zeitschrift „Annalen der Chemie und Pharmacie“ ein Aufsatz über sogenannte aromatische Diazoverbindungen. Dieser nur für den Fachmann interessante Bericht stellte fest, daß Amine, die einen Benzolkern enthalten, mit salpetriger Säure anders reagieren als Amine ohne Benzolkern. Im letzten Fall entsteht Stickstoff und Wasser:

$$C_2H_5-NH_2+ON-OH \rightarrow C_2H_5-OH+N_2+H_2O$$

Ist ein Benzolkern vorhanden, so bleibt ein stickstoffhaltiges Zwischenprodukt als beständige Verbindung erhalten, wenn man von salzsaurer Natriumnitritlösung unter Eiskühlung ausgeht. Der genannte Bericht stammte von einem Assistenten am chemischen Institut der Universität Marburg, PETER GRIESS. Die Entdeckung der Diazotierung – wie man das Verfahren später nannte – war die erste wissenschaftliche Leistung des begabten Chemikers. AUGUST WILHELM HOFMANN, der damals einen Besuch in Marburg machte, holte PETER GRIESS in sein Laboratorium nach England, wo die Arbeitsbedingungen

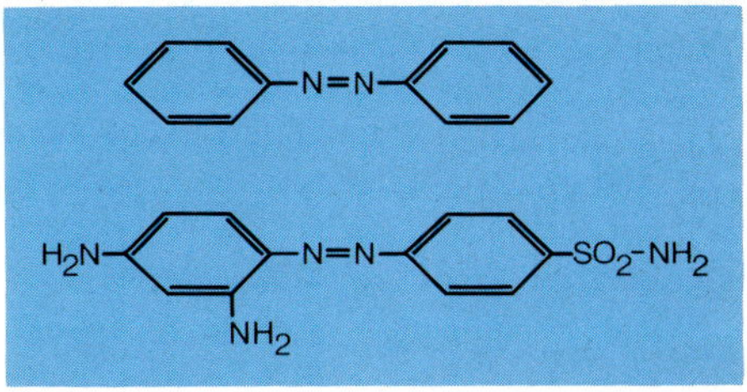

Bild 22. Vom Azobenzol (oben) leiten sich alle Azofarbstoffe ab, auch das als Heilmittel verwendete Prontosil (unten)

weit günstiger waren. In London ging man der Diazotierung in exakten Versuchen auf den Grund und fand, daß sich Experimente, die GRIESS schon in Marburg angestellt hatte, für die Farbstoffgewinnung nutzen ließen: Viele Verbindungen, bei denen zwei Stickstoffatome zwischen zwei Benzolkernen standen, waren farbig. Damit war die Gruppe der sogenannten Azofarbstoffe entdeckt (Azo- leitet sich vom französischen Wort azote für Stickstoff ab). Die einfachste derartige Verbindung ist das orangegelbe Azobenzol, der Grundkörper aller Azofarbstoffe. 1863 kam der erste wichtige Azofarbstoff auf den Markt, das Bismarckbraun. Er hat heute noch Bedeutung.
PETER GRIESS war wie AUGUST WILHELM HOFMANN kein Geschäftsmann. Seine neuen Farbstoffe zeigte er bereitwillig jedem, der sie sehen wollte, und er dachte nicht daran, die Herstellungsverfahren geheimzuhalten. So ist es nicht verwunderlich, daß Azofarbstoffe bald in der Farbenchemie die große Mode wurden. In Hoechst, in Ludwigshafen und an vielen anderen Orten begann die Produktion. Bald beteiligte sich auch eine Firma an der Herstellung, die später Weltruhm erlangen sollte: In Elberfeld hatten die Farbenwerke Friedrich Bayer und Co. ihre Fabrikation aufgenommen. Unter dem Bayer-Kreuz kennt man heute die Firma in allen Erdteilen.
Von den Farben der Bayer-Werke führt ein direkter Weg zur Arzneimittelchemie – Beweis für die engen Beziehungen zwischen beiden Teilgebieten. Der in Elberfeld angestellte Chemiker GERHARD DOMAGK erkannte 1935, daß das erstmals von den Farbenfabriken hergestellte Prontosil Mäuse gegen die sonst tödliche Infektion durch Streptokokken schützte. Prontosil war nichts

Bild 23. Aus zwei Molekülen Amino-anthrachinon bildet sich ein Molekül Indanthrenblau

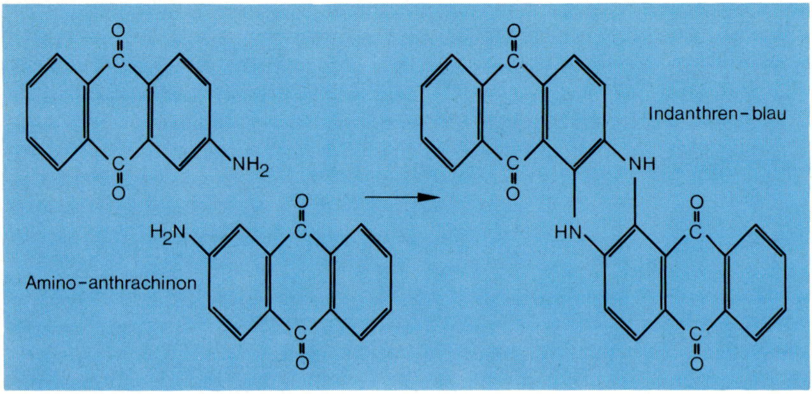

anderes als ein roter Farbstoff. Von ihm leiten sich alle Verbindungen ab, die man später unter dem Namen Sulfonamide zusammenfaßte und die gegen die verschiedensten Infektionskrankheiten wirksam sind.

Die Indanthrenfarbstoffe haben eine ganz andere Geschichte. Auch ihr „Geburtsjahr" läßt sich genau festlegen: 1901. Damals versuchte man in Ludwigshafen, zwei Grundkörper von Farbstoffen zu einem neuen Farbstoff „zusammenzusetzen". Anthrachinon hatte sich als Ausgangsverbindung für das Alizarin erwiesen und sollte den einen der beiden Partner abgeben. Als zweites Vorbild für die Synthese hatte man Indigo vorgesehen. Das Molekül selbst war zwar zu kompliziert, aber der Ludwigshafener Chemiker René Bohn meinte, daß schon die Einführung von Aminogruppen, wie sie ja bei der Synthese von Indigo nötig waren, genügen müßten. Er experimentierte daher mit einem Anthrachinon, das Aminogruppen an seinem „Gerüst" aufwies. Tatsächlich erhielt er einen außerordentlich beständigen blauen Farbstoff, den er Indanthrenblau nannte. Das Wort sollte die Beziehung zu Indigo und Anthrachinon zum Ausdruck bringen. Freilich stellte sich bald heraus, daß von der Molekülstruktur her bei diesem Farbstoff keine Ähnlichkeit mit Indigo zu erkennen war.

Indanthrenblau wurde zum Ausgangspunkt weiterer, ähnlich gebauter Verbindungen. René Bohn fand, daß das Grundprinzip des Anthrachinons, gekoppelt mit einer größeren Anzahl von Benzolringen, neue Farbtöne ermöglichte, zum Beispiel Indanthrengoldorange und Indanthrenviolett. Allerdings wurde die „Konstruktion" derartig großer Moleküle immer aufwendiger und kostspieliger, so daß der Entwicklung Grenzen gezogen waren. An Schönheit und Echtheit erwuchsen den Indanthrenfarben kaum Konkurrenten.

Gerade diese besondere Beständigkeit brachte es mit sich, daß der Name „Indanthrenfarben" bald zu einem Gütebegriff wurde. Das Publikum verband mit der Bezeichnung die Gewähr für hervorragende Echtheit. So ist es nicht verwunderlich, daß „Indanthren" von verschiedenen Herstellern auch für andere Farbstoffe verwendet wurde, die zwar günstige Eigenschaften aufwiesen, chemisch aber mit dem ursprünglichen Indanthrenblau gar nicht verwandt waren. Der Streit um die Frage, wer den Namen „Indanthren" rechtmäßig verwenden dürfe, zog sich über Jahre hin. Schließlich einigte man sich darauf, nur eine kleine Gruppe von Farbstoffen mit diesem Prädikat gewissermaßen zu „adeln". Heute kann der Käufer sicher sein, unter dem Namen „Indanthren" hochwertige Ware zu bekommen. Seit 1952 wacht ein besonderer Interessenverband darüber, daß kein Mißbrauch getrieben wird. Diesem Verband gehören unter anderen die Badische Anilin- und Sodafabrik, die Bayer-Werke sowie die Firmen Cassella und Hoechst an. Indanthren kennzeichnet demnach heute nicht mehr Farbstoffe einer bestimmten chemischen Gruppe, sondern wird ganz allgemein als Güteklasse verwendet. Als Warenzeichen hat man ein großes I gewählt, das dem Sonnenschein von links und Regen von rechts Widerstand zu leisten vermag.

Qualität – heute

Nach der mächtigen Breitenentwicklung der Farbstoffindustrie am Ende des vorigen und zu Beginn des gegenwärtigen Jahrhunderts setzte nach dem Ersten Weltkrieg eine Wandlung auf dem Markt ein. Man bemühte sich nicht mehr in dem gleichen Maß wie früher, neue Farbstoffe zu erfinden, sondern man begann, die Eigenschaften der vorhandenen Substanzen genauer zu untersuchen und – wo dies möglich war – zu verbessern. Damit erhob sich die Frage, was man im strengen Sinn „echt" nennen sollte. Im Laufe der Zeit haben sich vor allem die Begriffe Wasch-, Licht-, Alkali- und Säure-Echtheit herauskristallisiert. Was bedeuten sie?
Wir sind heute so anspruchsvoll, daß meist nur Textilien in den Handel gebracht werden, die „mit allen Wassern gewaschen" sind. Nur ganz selten beobachtet man noch eine Erscheinung, die früher gang und gäbe war: Ein neues Kleidungsstück wird zum ersten Mal gewaschen und „geht aus", das heißt seine Farbe wird blasser, da der Farbstoff nicht fest genug auf der Faser haftet. Er findet sich dafür im Waschwasser und kann dort Unheil stiften, wenn andere Textilien mitgewaschen werden. Sie nehmen dann den Farbstoff zum Teil an und werden fleckig. Die Waschechtheit ist heute eine Grundvoraussetzung guter Färbung.
Die Prüfverfahren auf Waschechtheit sind recht streng. Man wickelt zum Beispiel den farbigen Stoff zusammen mit weißer Baumwolle oder Wolle auf eine geeignete Unterlage und legt ihn in etwa die 50fache Menge Wasser, das je Liter 5 Gramm Kernseife und 1 bis 3 Gramm calcinierte Soda gelöst enthält. Bei Baumwoll- oder Leinenstoffen erhitzt man das Wasser 10 Minuten zum Sieden, bei Wolle und Seide erwärmt man 30 Minuten auf rund 40 Grad Celsius. Nach 15 Minuten wird die farbige Stoffprobe einige Male geknetet, ausgedrückt, abgespült und getrocknet. Das weiße Material darf unter diesen Umständen keine Farbe angenommen haben.
Weniger gut ist es oft mit der Lichtechtheit bestellt. Auch bei qualitativ hochwertigen Farbstoffen läßt sich ein Ausbleichen am Sonnenlicht mitunter nicht ganz vermeiden. Noch gefährlicher wirkt das intensivere Ultraviolettlicht. Bei Kleiderstoffen fällt das Blasserwerden der Farben vor allem dort auf, wo Nähte oder Falten liegen. Belichteter und unbelichteter Stoff dicht nebeneinander – das läßt die Unterschiede schon nach kurzer Zeit deutlich hervortreten.

Auch zur Prüfung der Lichtechtheit hat man spezielle Methoden und sogar Geräte entwickelt. Bei dem Verfahren, das der Natur am nächsten kommt, bedeckt man das Gewebe, dessen Lichtechtheit es zu prüfen gilt, zur Hälfte mit einem undurchlässigen Gegenstand und stellt die Probe so auf, daß das Sonnenlicht von Süden in einem Winkel von rund 45 Grad darauffällt. Nach vier Wochen darf kein Unterschied zwischen belichtetem und unbelichtetem Stoff zu erkennen sein, wenn das Prädikat „lichtecht" verliehen werden soll. Die lange Einwirkungsdauer ist in der Praxis hinderlich. Deshalb hat man versucht, den Ausbleichungsprozeß abzukürzen. Wie erwähnt, wirkt Ultraviolettlicht intensiver als gewöhnliche Sonnenstrahlung, und man kann einen Vergleichsmaßstab der beiden Faktoren finden. So läßt sich in kürzerer Zeit die Lichtechtheit prüfen, wenn man geeichte Testgeräte verwendet. Eine Behandlung von 25 Stunden Dauer im Testgerät entspricht zum Beispiel bei einem der Modelle einer Belichtung von 10 Tagen im Freien. Man hat acht Stufen der Lichtechtheit festgelegt, wobei 1 „sehr gering", 8 „hervorragend" bedeutet. Hier zeigen sich vor allem die Indanthrenfarben überlegen.
Man wird vielleicht darüber erstaunt sein, daß von einem Farbstoff auch Beständigkeit gegenüber Säuren und Laugen verlangt wird. Im allgemeinen kommen ja Textilien — so möchte man meinen — nicht mit derartigen „scharfen" Chemikalien in Berührung. Das ist jedoch nur bedingt richtig. Schweiß enthält zum Beispiel Fettsäuren, Milchsäure, Aminosäuren und Zitronensäure, daneben auch größere Mengen Kochsalz. Die Azidität des Schweißes beeinflußt sehr chemikalienunbeständige Farbstoffe wie etwa das Kongorot schon so stark, daß an eine Verwendung in der Textilindustrie nicht zu denken ist. Scharfen Laugen wird ein Gewebe seltener ausgesetzt sein, doch ist letztlich Seifenlösung bereits eine alkalisch reagierende Flüssigkeit, und Beton- oder Zementspritzer sollten auch auf der Kleidung von Bauarbeitern nicht gleich Spuren hinterlassen. Die Prüfmethoden sind denen ähnlich, die wir bei der Waschechtheit angeführt haben.
Vor ganz neuen Problemen standen die Farbchemiker, als die synthetischen Fasern wie Perlon oder Nylon in Mode kamen. Bekanntlich sind diese Kunststoffe deshalb so beständig gegen äußere Einflüsse, weil die Makromoleküle kaum mit der Umwelt reagieren. Wo aber Reaktionsfähigkeit fehlt, mangelt es auch an „Aufhängern", mit denen sich Farbstoffe an der Faser verankern könnten. Wir haben gesehen, daß bei der Baumwolle die OH-Gruppen eine derartige Funktion ausüben. Wolle oder Seide ist durch die Aminosäuren in Reaktion zu bringen.
Wenn es demnach auch nur schwer möglich ist, synthetische Fasern in der üblichen Weise anzufärben, so erlaubt die Herstellung von Kunststoffen doch die Anwendung eines neuen Prinzips: Man kann die Farbe gleich bei der

Bildung der Makromoleküle mit einbauen! Diese Chance bietet sich bei keinem anderen Material, da dort ja die Natur die Produzentin ist. Farbig „konstruierte" Synthesefasern sind erst neueren Datums. Zu Beginn der „Nylon-Ära" dominierten die weißen Hemden und Blusen. Das ist verständlich, wenn man bedenkt, daß die Technologie der Färbung erst entwickelt werden mußte.

Wie konstruiert man Farbstoffe?

Im letzten Abschnitt sind wir bis in die Neuzeit der Farbstoffentwicklung vorgestoßen, ohne freilich mehr als einige Beispiele nennen zu können. Am Schluß unserer Betrachtungen drängt sich dem Leser doch sicher die Frage auf, ob man heute mit mehr System als im vorigen Jahrhundert auf die Suche nach neuen Farbstoffen gehen kann. Gibt es eine Theorie der Textilfarbstoffe? Kann man Regeln aufstellen, wann eine chemische Verbindung farbig sein wird und wann nicht?
In den letzten hundert Jahren ist viel Material zu diesem Thema gesammelt worden. Die Grundprinzipien sind heute bekannt. In Einzelheiten herrscht allerdings noch keine Klarheit.
Schon im Jahre 1868 fiel CARL GRAEBE und CARL LIEBERMANN bei ihren Arbeiten am Krapp-Farbstoff eine bemerkenswerte Tatsache auf: Alle organischen Farbstoffe verlieren ihre Farbigkeit, wenn man sie reduziert. Bei der Überführung der Küpenfarbstoffe in die Leukobasen macht man davon in der Praxis Gebrauch. Bei einer Reduktion handelt es sich im allgemeinen um eine Anlagerung von Wasserstoffatomen, um eine Hydrierung. Irgendwelche chemische Molekülteile müssen demnach gegen eine derartige Reduktion empfindlich sein. Man hat diese hypothetischen Molekülteile, die als Träger der Farbeigenschaft in Frage kommen, als Chromophore bezeichnet. Das war zunächst ein Wort ohne „chemischen Hintergrund". Chroma heißt im Griechischen die Farbe, phorein bedeutet tragen. Je mehr die Kenntnis vom Molekülbau

Bild 24. Rotes Karotin: Viele Doppelbindungen im Molekül lassen die Substanz farbig werden

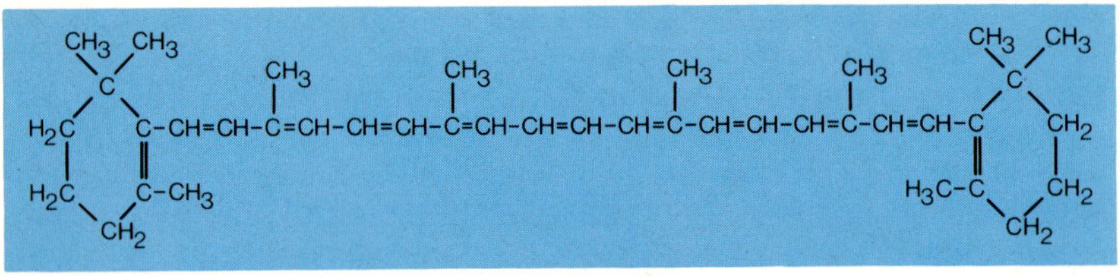

zunahm, desto deutlicher zeigte sich, daß einige wenige Atomgruppen als Chromophore wirken. Der Chemiker nennt sie mit Namen, die uns im einzelnen nicht interessieren; nur der Übersicht halber seien sie hier genannt:

Carbonylgruppe	>C=O
Carbimgruppe	>C=N–
Azogruppe	–N=N–
Nitrosogruppe	–N=O
Nitrogruppe	$-N(=O)=O$

Vergleicht man diese Gruppen miteinander, so stellt man fest, daß allen Chromophoren der Besitz mindestens einer Doppelbindung eigen ist. Und nun versteht man auch die Feststellung GRAEBES und LIEBERMANNS: Doppelbindungen zeigen eine auffällige Neigung, Wasserstoffatome anzulagern und dadurch in Einfachbindungen überzugehen.

Der Satz „Farbige organische Verbindungen enthalten Doppelbindungen“ ist sicherlich richtig. Leider kann man diese schöne These nicht umkehren. Der Satz „Organische Verbindungen, die eine Doppelbindung enthalten, sind farbig“ stimmt mit den Beobachtungen ja keineswegs überein. Schon die einfachen Moleküle des Äthylens (Äthens) sind nicht farbig, sondern farblos, obwohl die Formel $H_2C=CH_2$ eine Doppelbindung enthält. Erst wenn sehr viele Doppelbindungen gehäuft auftreten, wie dies etwa bei dem bekannten Karotin der Fall ist, tritt eine Farbe in Erscheinung.

An dieser Stelle sollten wir uns an eine Feststellung aus dem ersten Kapitel erinnern: Farbigkeit hängt vom Molekülbau ab, und zwar wird Licht einer bestimmten Wellenlänge dann absorbiert, wenn dieses Licht mit den Elektronen des Moleküls in Resonanz treten kann. Doppelbindungen sind chemisch dadurch gekennzeichnet, daß sie ein frei bewegliches Elektronenpaar aufweisen, das sich in geeigneten Verbindungen über weite Strecken im Molekül hin- und herbewegen, schwingen kann. Sind solche Doppelbindungen zu mehreren „konjugiert“, so funktioniert diese Resonanz besonders gut. Das ist der Grund, warum Substanzen mit vielen Doppelbindungen im allgemeinen farbig sind.

Offensichtlich genügt also der Besitz einer oder mehrerer Chromophore nicht für die Ausbildung der Farbigkeit. Stoffe wie Benzol oder Anthracen bleiben „unsichtbar". Kombiniert man jedoch Verbindungen wie Benzol oder Anthracen mit Chromophoren, so entstehen Farbstoffe! Diese Tatsache hat OTTO NICOLAUS WITT, Professor an der Technischen Hochschule Berlin-Charlottenburg, bereits im Jahre 1876 aufgedeckt. Er nannte die Kombination eines Ringsystems mit einem Chromophor folgerichtig ein Chromogen, einen „Farberzeuger".

Farbstoffe müssen demnach irgendwo in ihrem Molekül einen Chromogen-Bezirk aufweisen: Ringsystem und Chromophor. Wie groß das Molekül im übrigen ist, bleibt völlig belanglos. Schon Professor WITT erkannte aber auch, daß sich die Farbigkeit noch intensivieren läßt, wenn man Gruppen ins Molekül einbaut, die er Auxochrome, „Farbvermehrer", nannte. Als Auxochrome bieten sich in der Praxis besonders OH-Gruppen und Aminogruppen ($-NH_2$) an, falls sie an einem Benzolring sitzen. Weitere Auxochrome sind die Carboxylgruppe $-COOH$ und die Sulfogruppe $-SO_3H$. Treten sie in ein Chromogen ein, so bewirken sie Farbverstärkung und meist auch eine Verbesserung der Färbbarkeit ganz allgemein.

Ein Blick auf die Farbstoffmoleküle, die die Abbildungen dieses Buches zeigen, kann uns von der Richtigkeit der „Chromophor-These" überzeugen. Indigo enthält ebenso wie Purpur Ringsysteme mit Chromophoren (zum Beispiel die Carbonylgruppe). Das Molekül ist insgesamt also ein Chromogen. Anthrachinon bildet in reinem Zustand bereits gelblichgrüne Kristallnadeln aus. Die Farbtiefe nimmt durch Einführung von OH-Gruppen (als Auxochrome) zu: Alizarin ist leuchtend rot. An dem Chromogen Prontosil hängen gleich drei farbvertiefende Auxochrom-Gruppen.

Die moderne Elektronentheorie hat diese Vorstellungen noch etwas modifiziert, aber an den Grundtatsachen hat sie nichts geändert. Wenn wir demnach auch einiges über das Auftreten von Farben in organischen Molekülen wissen, sind wir doch noch weit davon entfernt, etwa einen Farbstoff theoretisch „vorausberechnen" zu können. So bleibt selbst im modernen Laboratorium noch eine Spur von jenem geheimnisvollen Reiz des Unbekannten, das den Chemiker seit Jahrhunderten fasziniert hat.

Literaturhinweise

BÄUMLER, ERNST: Ein Jahrhundert Chemie. Econ Verlag Düsseldorf, 1963

GREILING, WALTER: Chemie – Motor der Zukunft. C. Bertelsmann Verlag Gütersloh, 1961

HERBERTS, KURT: 10 000 Jahre Malerei und ihre Werkstoffe. 2. Auflage. Kommissionsverlag der Baedekerschen Buchhandlung Wuppertal, 1939

JENETTE, ALFRED: Farbe, Farbstoff, Färben. Aulis Verlag Köln, 1965

KLAGES, FRIEDRICH: Das Weltreich der Chemie. Societäts-Verlag Frankfurt/Main, 1970

KLAMFOTH, HERMANN: Farbe und Volk. Zur Geschichte des Färberhandwerks. Hermann Klokow Verlag Berlin, 1940

KRUMM, E.: Goethe und der Farbkreisel. Wir experimentieren 12, 507, 1972

LANGENBECK, WOLFGANG: Lehrbuch der organischen Chemie. 20. Auflage. Theodor Steinkopff Verlag Dresden, 1964

MÖHRES, FRANZ PETER: Purpur. Die BASF 12, 163, 1962

NAGEL, ALFRED, VON: Fuchsin, Alizarin, Indigo. 4. Auflage. BASF, 1970

PIETSCH, ERICH: Altamira und die Urgeschichte der chemischen Technologie. Oldenbourg Verlag München, 1963

PLOSS, EMIL: Purpurfärben in der Antike. Die BASF 12, 168, 1962

RÖMPP, HERMANN: Chemie-Lexikon. 6. Auflage. Franckh'sche Verlagshandlung Stuttgart, 1966

Sachregister